Illustration For Fashion Design

时装画表现技法

主 编　戚 立　王 翮
副主编　刘志瑾　乔 杰　韩新萌

辽宁科学技术出版社
沈 阳

图书在版编目（CIP）数据

时装画表现技法 / 戚立，王翮主编. —沈阳：辽宁
科学技术出版社，2013.11
ISBN 978-7-5381-8268-2

Ⅰ.①时…　Ⅱ.①戚…　②王…　Ⅲ.①时装—绘画技
法　Ⅳ.①TS941.28

中国版本图书馆CIP数据核字（2013）第217537号

出版发行：辽宁科学技术出版社
　　　　　（地址：沈阳市和平区十一纬路29号　邮编：110003）
印　刷　者：辽宁美术印刷厂
经　销　者：各地新华书店
幅面尺寸：210mm×285mm
印　　张：9
字　　数：100千字
出版时间：2013年11月第1版
印刷时间：2013年11月第1次印刷
责任编辑：于天文
封面设计：潘国文
责任校对：刘　庶

书　　号：ISBN 978-7-5381-8268-2
定　　价：55.00元

联系电话：024-23284740
邮购热线：024-23284502
E-mail：mozi4888@126.com
http://www.lnkj.com.cn

Contents
目录

第5章

时装画赏析　065

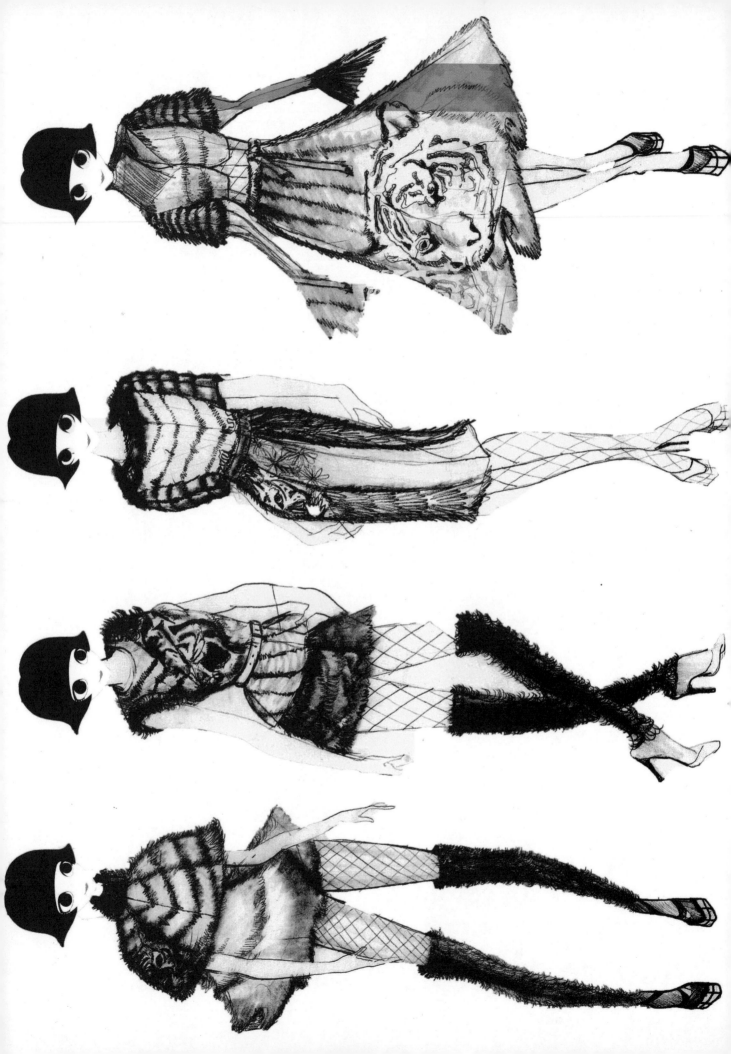

FOREWORD

前言

　　对于服装设计师和造型师而言，最让人兴奋的工作就是把自己的设计作品通过时装画完整地表达出来并得到大家的关注和认可。时装画具有自身的独特魅力，它不同于纯绘画，也不同于机械性的制作结构图。它是艺术和技术的结合体，不但具有艺术感染力，还要求时装画设计者具有对人体结构、设计原理、服装构造、服装工艺技术等方面的综合知识，所绘制的时装画才会有很强的艺术感，经得起工业技术的推敲。

　　本书对于初学者学习时装画主要有以下几个方面的指导内容：第1章，先了解时装画的概论，从探究时装画的历史与发展，进入时装画的创作；掌握时装画的特点和分类之后，第2章开始进入绘制时装画的基础阶段。学习人体比例，掌握人体基本的动态画法，为以后完整地将服装与人体结合在一起打下绘制基础；第3章，将人体穿上各种时装，使其变得更加有灵魂。在了解时装画创作过程的同时，学会使用各种工具来表现时装画的材质、色彩与形态几大元素，既做到科学的分析，又不乏艺术感染力。本书主要针对想要学习时装画的初学者，将时装画创作的步骤、风格和系统的学习方法介绍得非常详尽，内容由基础到提高。每个学习步骤都以文字和图片相配合，使读者更方便理解与掌握其中的要领，为学习时装画画法提供了较为科学的学习方式。本书大部分的时装画都是大学服装设计专业本科学生原创绘制的，其中除了时装画的技术表现，还有他们独到的设计理念，衷心希望该书为读者带来帮助。

　　谨在此感谢辽宁科学技术出版社于天文编辑给予的帮助和指导，感谢本书的参考书籍作者和涉及的大连工业大学、大连外国语学院和大连医科大学学生的时装画作者！

作　者
2013年7月

第1章
时装画概论

1.1 时装画的概念

◎ 1.1.1 时装画的由来

时装画的发展渊源可以追溯到西欧的文艺复兴时期。

当时的服装画只是对已有的服装式样的记录，包括流行服装、民俗服装及舞台服装，其表现手法多采用素描和版画形式。文艺复兴时期的服装油画，如花边、领子装饰、面料质感鲜明（图1-1）。

到18世纪专门时装画刊物出现，而后在工业革命的影响下，迎来了19世纪时装画的黄金时代，服装书中的许多插画，用水彩画的方式将服装款式、质地及装饰真实地展示于人（图1-2）。

进入20世纪以来，随着人类社会的文化思想、艺术思潮和艺术形式的丰富与活跃，时装画逐渐形成了融合艺术审美、时代精神、表现方式于一体的一种艺术形式，可以说自成一体，无可替代。20世纪20年代的《VOGUE》杂志，刊登了大量的时装画，甚至封面一直是时装画的天下，充满幻想的时装画作品征服了那些向往自由的人们。当时服装流行东方风格，因此绘画表现均为线性的，具有东方韵味（图1-3、图1-4），两幅画均表现为下午茶礼服。

图1-1　文艺复兴时期的服装油画

图1-2　水彩服装画

图1-3　下午茶礼服

图1-4　下午茶礼服

◎ 1.1.2　**时装画的定义**

时装画是设计师将设计构思以写实、夸张或简约的艺术手法表达出来的一种绘画形式，是以时装为表现主体，展示人体着装后的效果、气氛，并具有一定艺术性和工艺技术性的一种特殊形式的画种，其特点是简洁、生动、形象、优美逼真，突出主题和设计风格，是服装设计的外化表现形式。

时装画区别于其他类型的绘画，一般以拉长人物的正常身高、夸张人物的动作来表达所设计的服装，人物只是载体，服装才是要表达的实际内容。

时装画作为服装设计的专业基础课之一，不仅是设计师对自身设计理念的表达，也是设计师与工艺师之间的桥梁。随着表现形式的增多，文化观念的不断更新，时装画已被广泛运用于广告业、传媒等各个领域，并向更为宽泛的方向发展。

1.2　时装画的特点及分类

◎ 1.2.1　**时装画的特点**

1. 针对性

时装画是以服装为主体，展示人体着装后的整体效果、时尚氛围和文化形态，所以人和服装是时装画表现主体必不可分的两大因素。

2. 时尚性

时装和时尚是密不可分的，由于时装已经占据时尚的核心地位，而时尚艺术有着极强的时代特征，它确定了时装画的时代精神与时尚观念，不同时期的时装画，反映了当时人们的品位，更反映了当时的经济状况、意识形态、主流文化和政治状况，时装画会随着时代的变化而变化，有着极强的时代印记。

3. 艺术性和工艺技术性

首先，作为以绘画形式出现的时装画，浸染了时装画艺术家的文化底蕴和审美情趣，可以说，时装画的艺术形式是集传统与时尚、绘画与时装于一身的艺术语言，由于艺术本身具有不断自觉和自我完善的特性，加之时装的时效性，所以时装画始终充满了浓郁的时尚气息，并成为一项具有相当高的独立性、完备性和审美性的艺术门类。

其次，时装画的工艺技术性，是指作为时装设计专业基础的时装画不能摆脱以人为基础并受时装制作工艺制约的特性，即在表现过程中，需要考虑时装完成后，穿着于人体之上的时装效果和满足工艺制作的基本条件。

◎ 1.2.2　**时装画的分类**

1. 时装设计草图

时装设计是一项时间性相当强的工作，需要设计者在极短的时间内，迅速捕捉、记录设计构思。这种特殊条件使得这类时装画具有一定的概括性、快速性，同时又必须让包括设计者在内的读者通过简洁明了的勾画、记录，读懂设计者的构思。一般来说，具有这种特性的时装画，便是时装设计草图。

图1-5　时装设计草图

时装设计草图，可以在任何时间、任何地点，以任何工具，甚至简单到一支铅笔、一张纸便可以绘制了。通常设计草图并不追求画面视觉的完整性，而是抓住时装的特征进行描绘。有时在简单勾勒之后，采用简洁的几种色彩粗略地记录色彩构思；有时采用单线勾勒并结合文字说明的方法，记录设计构思、灵感，使之更加简便快捷。人物的勾勒往往省略或相当简单，即使勾勒时，亦侧重某种动势以表现时装的动态预视效果（图1-5、图1-6），而省略人体的众多细节。

2. 时装效果图

时装效果图，是对时装设计产品较为具体的预视，它将所设计的时装，按照设计构思，形象、生动、真实地绘制出来。人们通常所指的"时装效果图"，便是这种类型的时装画。准确地说，"时装效果图"是时装画分类中的一种，是我们通常口语表述的时装画。与时装效果图相比，时装画的内涵则更大、内容更丰富，它包括时装画的多种形式，它们之间因所绘制的目的不同而有区别。如时装插图是为杂志、报纸等绘制的，它需要一定的艺术性。而时装设计草图则是记录设计构思时所采用的，它着重记录款式，而忽略艺术性。

时装效果图有装饰风格、写实风格等之分。

图1-6 时装设计草图

◆**装饰风格**——抓住时装设计构思的主题，将设计图按一定的美感形式进行适当地变形、夸张、艺术处理，最后将设计作品以装饰的形式表现出来，便是装饰风格的时装画（图1-7、图1-8）。装饰风格的时装画不仅可以对时装的主题进行强调、渲染，还能将设计作品进行必要的美化。变形夸张的形式、风格、手法是多样的，设计者往往在设计时装作品时，对所设计作品的特点进行重点强调，可采用多种手段。通常，设计师所表现的时装效果图，多少带有一定的装饰性。

图1-7 装饰风格效果图

图1-8 装饰风格效果图

◆**写实风格**——按照时装设计完成后的真实效果进行描绘，所绘制的结果，具有一种照片式的写实风格。由于这种写实风格的时装画绘制需要一定的时间，而设计师们的工作往往是紧张、忙碌的，所以，设计师平时并不十分愿意采用这种方法来绘制时装画。当偶尔要表现这种风格的设计图时，则会结合一些特殊的时装画技法，以便节省时间。如采用照片剪辑、电脑设计、复印剪贴等，这些都是较为方便、快捷，且能达到良好效果的捷径（图1-9、图1-10）。

图1-9　写实风格效果图　　　　　　　　图1-10　写实风格效果图

3. 商业时装设计图

　　商业时装设计图，在商业时装界中，是作为产品交易而广泛运用的另一种风格的时装画。它具有工整、易读、结构表现清楚、易于加工生产等特点。通常采用以线为主的表现形式，或者采用以线加面、淡彩绘制等方法描绘而成。有时，对时装的特征部位、背部、面辅料、结构部位等，需要有特别图示说明，或加以文字解释、样料辅助说明。这种设计图，极为重视时装的结构，需要将时装的省缝、结构缝、明线、面料、辅料等交代清楚，仔细描绘。对于人物的描绘，有时可全部省略，只留下重点表现的时装突出部分（图1-11、图1-12）。商业时装设计图与时装工艺的款式平面图的区别在于：商业时装设计图的最终效果仍然是表现一种着装后的效果和氛围，虽然有的商业时装设计图省略了人物，但目的明确，是让时装更加突出、鲜明。

4. 时装广告画与插图

　　时装广告画与插图是指那些在报刊、杂志、橱窗、看板、招贴等处，为某时装品牌、设计师、时装产品、流行预测或时装活动而专门绘制的时装画。与商业时装设计图相反，时装广告画与插图并不注重时装的细节，而是注重其艺术性，强调艺术形式对主题的渲染作用，依靠时装艺术的感染力去征服观者（图1-13～图1-15）。

　　时装广告画及插图的艺术风格多种多样：有的时装插画家笔下的时装画，实质上是一张纯粹的绘画作品，是绘画艺术与时装艺术的高度统一；有的时装广告画与插图则相当精练、简洁；而有的时装广告画与插图看上去就如同一幅完美的艺术摄影照片。

　　这里还包括某种专门以时装为主题的一种时装绘画，它不以某种商业（如广告、设计等）价值来衡量，而是以一种装饰性的时装画形式出现，具有较高的艺术欣赏性。如格奴（Gruau）的时装画，以时装为表现主题，处处流露出高级时装的雅致与绘画语言独特的审美情趣。

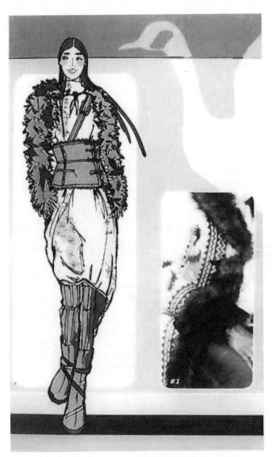

图1-11　商业时装画

图1-12　商业时装画

图1-13　时装广告画

图1-14　时装插图

图1-15　时装广告画

1.3　绘制时装画所需工具

绘制时装画使用的工具甚多，一般来说，选用常用工具中的一部分工具，就足以满足基本绘制要求。对于特殊技法制作的时装画，可以运用一些特殊的工具，如电脑工具、喷笔工具等。

◆**透明水彩**——水彩是薄而透明、覆盖力差的颜料，适合表现薄柔、飘逸的丝质或雪纺纱等春夏透薄面料。一般采用两种画法：

湿画法：先将毛笔蘸水，在纸面上轻轻刷过，使纸稍稍吸收一下水分，再将色彩画上去，不等干就画另一种颜色，使色与色之间融合自然，不留明显痕迹。

干画法：用笔直接画上颜色，但色与色的连接必须等干了以后再画，使之出现笔触，表现爽朗，明快的画面效果（图1-16）。

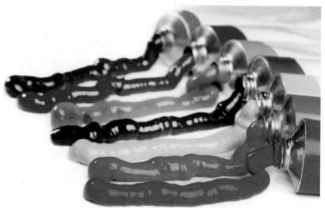

图1-16　水彩颜料绘制

◆**广告颜料**——色彩丰富，不透明，覆盖力强，可以和水彩一样自由调色，调和时水和颜料必须饱和，否则易灰。若提高明度，可加白粉。通常绘制各类设计图案和装饰性的服装画（图1-17、图1-18）。

图1-17　广告颜料绘制

图1-18　广告颜料绘制

◆**铅笔和碳笔**——铅笔是绘画的基础表现手段，是服装设计的常用工具，可以主峰勾线、侧峰涂抹，表现服装的面料质感和空间感，而且修改方便，是初学者的实用工具。例如，铅笔淡彩画就可以用铅笔勾线、点画等手法很好地表现裘皮、呢料、毛织物等的质感和表面肌理，那么，在纸张选择时尽可能选用表面较粗的纸张，这样可以最大限度地表现绘画工具的特殊美感。

运用铅笔勾勒时，常会感到颜色深度不够，特别是勾勒有深色的外形时愈显如此，若采用绘图碳笔、钢笔或马克笔等，便可解决这个问题。由于碳笔的黏附力不强，在绘制后，可配合使用绘画用定型液，以解决碳笔着色后的附色牢固性（图1-19）。

图1-19　碳笔画

◆**彩色铅笔**——彩色铅笔又分油性和水溶性彩色铅笔。

油性彩色铅笔作画时不易涂改,因此下笔要准确无误。它的使用方法和铅笔相似,不同的是它用色彩表现画面,主要以平涂为主,结合少量的线条,运用简单的着色方法,表现服装的色彩关系是彩色铅笔使用的重点。

水溶性彩色铅笔可以在绘制后,利用清水渲染而达到水彩的效果,亦可作一般性彩色铅笔使用。水溶性彩色铅笔一般采用干湿结合的画法,先用水溶笔画出结构颜色,再加以晕染,使画面出现干湿相融的丰富效果,也可以多次着色增加层次、丰富色彩效果(图1-20、图1-21)。

图1-20 彩色铅笔画

图1-21 彩色铅笔画

◆**色粉笔**——外形类似粉笔但不含油性，质地松软，易脱落。容易表现晕染效果，要画在粉彩纸上或粗纸上，作画完毕要用胶固定（图1-22、图1-23）。

图1-22 色粉笔画

图1-23 色粉笔画

◆**蜡笔**——附着力强，笔触粗糙，不易调和或重叠着色。可平涂大面积，画粗线条，表现厚重效果，或利用油性和蜡性与颜色结合时作阻染效果，来表现毛线、纱线等粗织物的质感（图1-24、图1-25）。

图1-24　蜡笔画　　　　　　　　　　　　图1-25　蜡笔画

◆**钢笔**——钢笔是极为常用的工具之一。可以选用弯头钢笔或多种型号的宽头钢笔，但要注意，宽头钢笔的特点是画出较宽阔的线迹，当表现连续、均匀、弯曲的线时，宽头钢笔便不能胜任。钢笔的墨水，可选用质量较好的黑色绘图墨水，并经常保持钢笔的清洁，以保证墨水流畅。通常选用针管笔、签字笔或硬笔书法钢笔（图1-26）。

◆**麦克笔**——麦克笔是一种即时的绘画工具，笔头的形状有尖头和斧头形两种。尖头适合勾线，斧头形用于大面积涂色。麦克笔的颜色较多，色彩亮丽而透明，挥发快，是时装画的绘制技巧中较为快捷的一个方法。因为麦克笔既可以表现线和面，又不需要调制颜色，且颜色易于干燥（图1-27）。各种不同质地的纸，吸收马克笔颜色的速度各异，而产生的效果亦不相同，吸收速度快的纸张，绘出的色块，易带有条纹状，反之则相反。用沾上香蕉水的棉球或布，可以除去油性马克笔色彩或淡化色彩，利用这一特性，可以绘制出推晕的色彩效果。利用硫酸纸的透明性质，可以绘制出同一色彩的深浅层次和色与色的重叠效果。

◆**电脑绘图**——电脑绘图的发展非常迅速，早已取代了喷笔工具，电脑绘制服装效果图已经成为服装设计的创作工具。电脑数字化绘图的特点是丰富的工具和表现手法，强大的塑造能力，方便、高效、快捷的绘图过程，安全的存储功能，多种信息的传送方式，在提高工作效率的同时增强了作品的表现力（图1-28、图1-29）。电脑绘制服装效果图的常用软件：图像软件Photoshop，矢量软件Illustrator、CorelDraw，绘图软件Painter。

图1-26 钢笔绘图

图1-27 麦克笔绘图

图1-28 电脑绘图

图1-29 电脑绘图

课后思考题

1. 时装画在服装设计中的意义?

2. 时装画的特点及分类?

课后练习题

课后学生收集各种绘画工具所表现的时装画效果图。

第2章
人体基础

服装画表现的重点是人物形象，而正确地把握人体比例结构才能创作出更好的服装画和服装设计。

2.1 人物绘画

"画不好手脚"、"画不好五官",诸如此类的话是不是时常听到呢,人物向来是艺术题材中较难表现的一类。古人说"画人难、画鬼易",关键不是人难画,而在于人对我们来说太过熟悉。我们每天都和形形色色的人接触,人的结构比例是否准确一眼便知,画中的谬误自然轻易会被发现指摘出来。初画人物的作画者常会有挫折感,甚至丧失信心和热情。

当今艺术已逐渐摆脱写实、叙事的古典传统,艺术语言朝着符号化、非主体性、更具观念性的多元化方向发展。服装画中所运用的人体,已非传统的写实人体,而是经过艺术夸张化、符号化后的理想人体,当今的服装画绘制更侧重于发展,形成鲜明个人特色、表达作画者的思想及主张。尽管不需要表现写实人体,作画者仍需了解并掌握正确的人体比例与结构特征。

◎ 2.1.1 裸体人物

了解人体是一切从事与人体相关研究的基础,医学、美学、人体工程学都是如此。虽然当今的艺术审美取向不再要求艺术家,像米开朗基罗、达·芬奇那样熟悉人体解剖,但了解相关知识的确可以大大提高悟性。不了解人体结构及其运动规律,就无法正确绘制出着装的人物、设计出可穿度高的服装(图2-1、图2-2)。

人体写生是一个很好观察和了解人体结构及其运动规律的方法(图2-3)。

毕加索的线描人体速写,很好地表现了女性和男性的面部表情特征和内心活动(图2-4)。

毕加索夸张变形的艺术人体(图2-5)。

图2-1　徐悲鸿作品

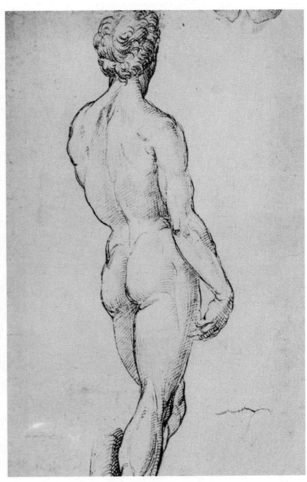

图2-2　米开朗基罗作品

图2-3　徐悲鸿作品

图2-4　毕加索作品

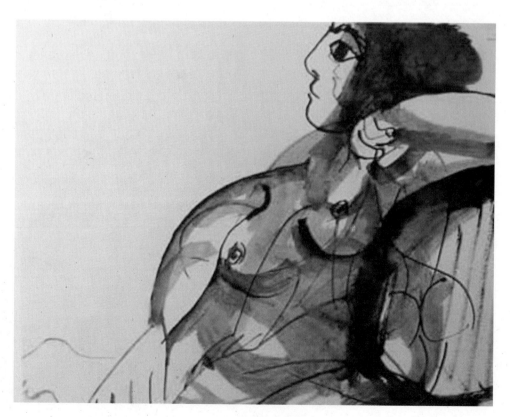

图2-5　毕加索作品

◎ 2.1.2 着装人物速写

对于从事与美术相关的人员来说，随身携带速写本和笔是好处良多的。在候车室或是在其他公共场所等候时，可以随时随地观察人物姿态，打开本子以速写的方式进行人物的绘制练习（图2-6）。

图2-6 服装速写

除了速写练习，它还可以及时记录生活点滴和那些突然迸发的灵感与创意（图2-7）。

图2-7 创意速写

以速写本为原型的橱窗展示设计（如图2-8）。

图2-8 橱窗设计

◎ 2.1.3 临摹

临摹是学习服装画的主要方法，以最新流行的照片、服装画作品为临本，可较快速掌握人物特征规律和绘画技巧。临摹照片经过适当的艺术加工，有意识地突出重点、加强艺术感染力，能创作出很出色的时装画（图2-9）。

◎ 2.1.4 人物默写与提炼精简

经过一段时间的练习后，作画者可以尝试默写，借此培养锻炼自己的记忆力和想象力，并逐渐做到可以按照自己的意图去绘画。对人物形象的描绘也应由起初的写实，逐渐转变成画面结构线条概括精练，具有一定个性化特征（图2-10～图2-13）。

2.2 服装画人体

不同的时期人们的审美观有所不同，时尚的潮流一直在不停地变化（20世纪50年代曲线玲珑、80年代健美）。作画者通常以夸张的手法演绎出其所处时代

图2-9 时装画

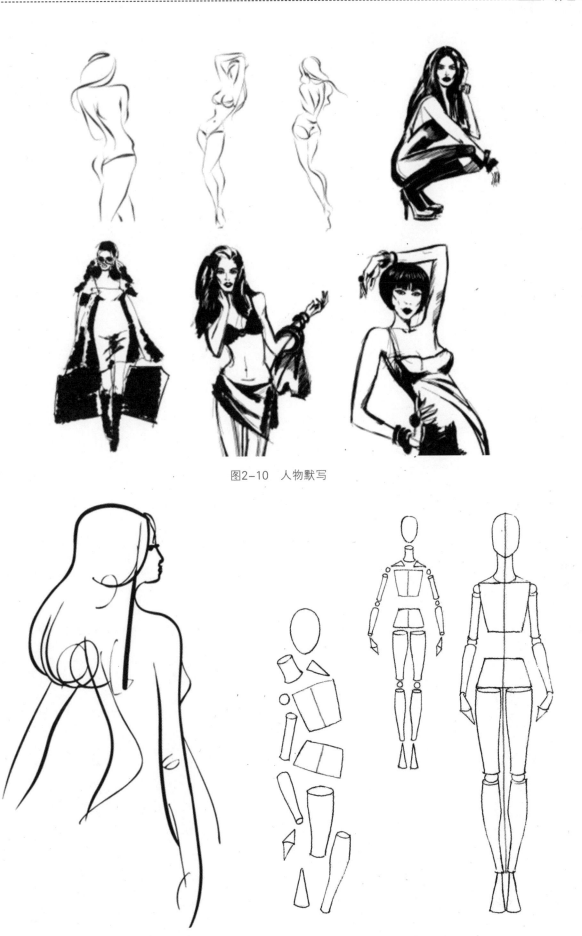

图2-10　人物默写

图2-11　简化人物线条　　　　图2-12　精简人体结构

的审美观念。

◎ 2.2.1　人体组成

一竖、两横、三体、四肢

一竖

即脊椎，脊椎是连接人体头、胸、髋三大块体的轴，人物诠释的动作都是以脊椎为中心展开的。从正面看是一条直线，侧面看是一条S形曲线。脊椎共分为：颈椎（7节）、胸椎（12节）、腰椎（5节）、骶椎（1节）、尾椎（2节）（图2-14）。

两横

即肩线和臀线。人体静止站立时，两条线呈水平状态，人体处于运动状态时，两条线也随之产生夹角。两横旋转的方向和幅度决定于四肢的运动方向和幅度（图2-15）。

三体

头部、胸部和髋部是人体中三个最大的体块，这三个部分本身都是不会活动的，身体的活动除四肢以外，主要是靠颈部和腰部的活动而产生运动。如果这些体块是彼此处于平行和对称的情况下，人体是静止的；相反，当这些体块向前

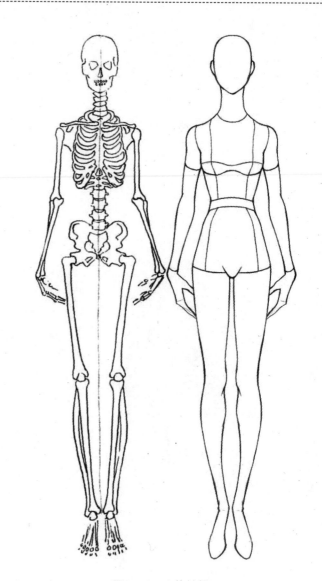

图2-13　人体结构

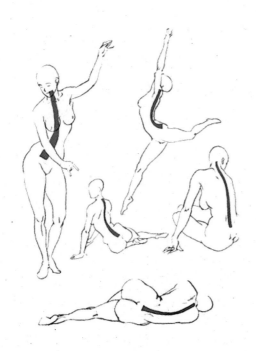

图2-14　动态人体

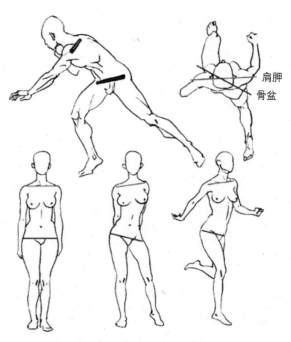

肩胛
骨盆

图2-15　动态人体

后左右屈伸、旋转、扭动时，这
些变化就产生了人体的动作（图
2-16）。

◎ 2.2.2 运动轴心与幅度

无论头、胸、髋三个体块是
处于什么位置，不论它们在一侧的
动作是怎样剧烈或怎样集中，而在
另外的非活动的一侧，相对地总是
有一种比较柔和的线条，以保持身
体的平衡，整个人体则有一种微妙
的、生动的协调感，所以说，人的
所有动作都将体现运动的重心平衡
规律（图2-17、图2-18）。

◎ 2.2.3 服装画人体的绘制

净身长七个头最接近普通人的
比例，看上去不长也不短。古希腊

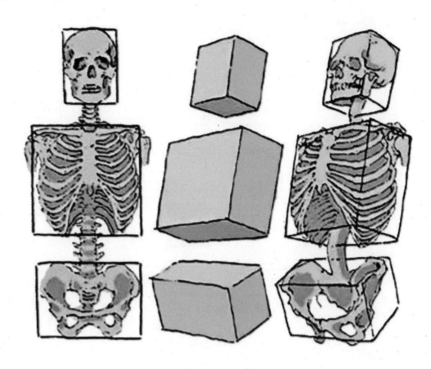

图2-16 三体

人发现净身长八个头是最完美的，八头身是人体比例的黄金数值。以九头身的比例来塑造人物，可使画
面更具有视觉震撼力和美感（图2-19）。

◎ 九头身人体的绘制（图2-20～图2-22）

图2-17 人体轴心

图2-18 人体运动轴心

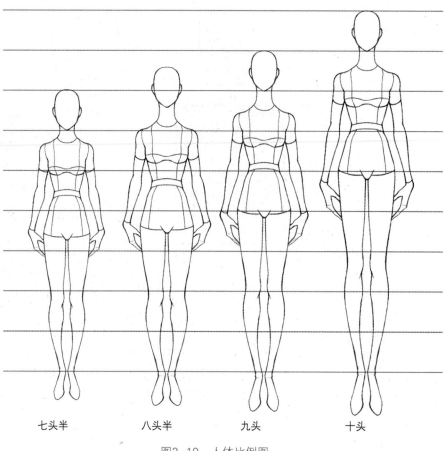

七头半　　　　八头半　　　　九头　　　　十头

图2-19　人体比例图

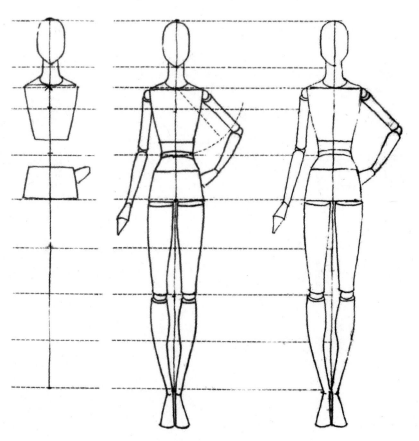

图2-20　九头身人体的绘制——正面直立

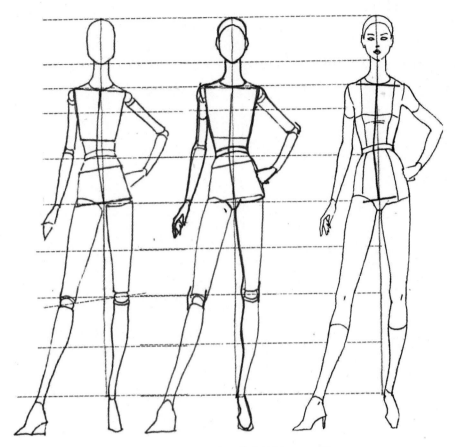

图2-21 九头身人体的绘制——正面

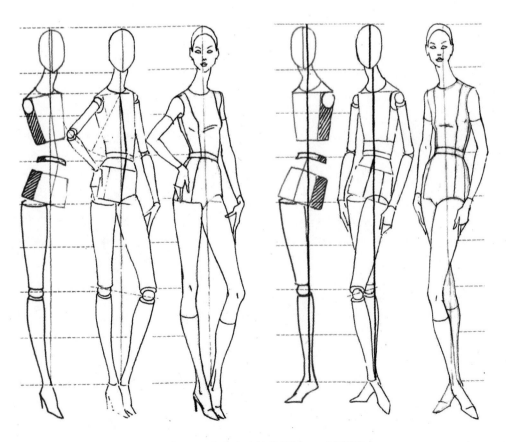

图2-22 九头身人体的绘制——3/4侧面

◎ 服装画人体姿态

不同姿态能够传递出不同的视觉感受。端庄的、不羁的、可爱的、强势的，何种姿态更适合，要参考人物整体造型风格。作画者需要明确作画意图，是商业化的时尚插画海报，还是为某品牌的新一季成衣系列绘制设计图，最终想要传递怎样的态度理念，依需要采用最适合的人体姿态（图2-23～图2-25）。

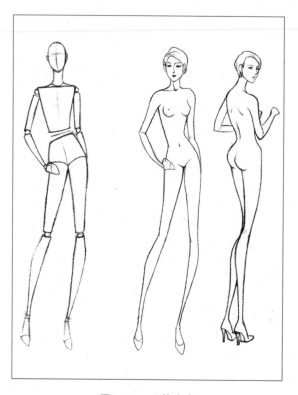

图2-23　人体姿态

图2-24　人体姿态

图2-25　人体姿态

◎ 夸张的人体

了解人体结构特征很重要，但并不意味着服装画要按照实际人体一板一眼地描绘出来。适当的夸张与变形可以更好地突出人物特点，使画面更有感染力。服装画并不一定都是高挑优雅的人物形象，应该为服装创造一个热爱角色的表现者（图2-26、图2-27）。

图2-26　夸张

图2-27　变形

2.3 局部细节表现

◎ 头部

头面部的比例关系为"三庭五眼"。"三庭"即从发际线到眉毛为上庭，眉毛到鼻底为中庭，鼻底到下颌为下庭。"五眼"即两眼之间距离为一眼宽，左右眼梢至耳根各为一眼宽。在艺术作品中五官通常会被夸大，实际上用一只手便可以盖住人的整张脸（图2-28）。

◎ 眼睛

眼睛在头部1/2处，两眼之间是一个眼睛的宽度。眼睛的外轮廓好像一个平行四边形，一般上眼线比下眼线粗一些，后端比前端深，眉毛与上眼睑之间约为一个眼宽，眉峰在眉长的2/5处，眉梢约在鼻翼与眼梢的延长线上。注意睫毛和眉毛的生长走向（图2-29、图2-30）。

◎ 鼻子

鼻子是面部的中心，从前额处开始，在鼻骨尾端凹陷，下面连着软骨。画鼻子不是画线条，而是画阴影。画鼻侧阴影时不需要将两侧都画全，通常仅表达一侧即可，鼻翼也是如此。鼻孔是椭圆形，画时不要把整个圆画死（图2-31）。

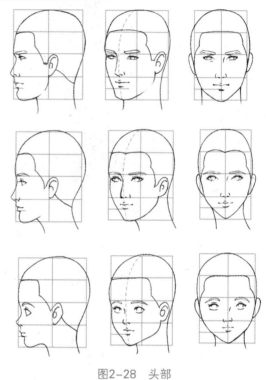

图2-28　头部

图2-29　眼睛

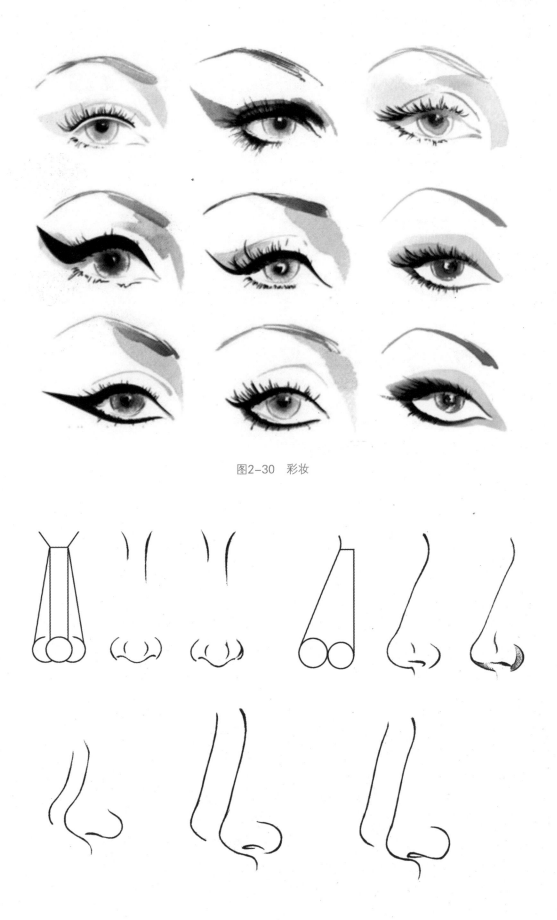

图2-30 彩妆

图2-31 鼻子

◎ 嘴唇

嘴唇是以面部中心为轴，两边对称。上下好像两个很扁的等腰梯形，上唇有唇峰，下唇有唇沟，下唇较上唇丰满。嘴张开时牙齿不一定要精细的刻画，只需表现出牙间阴影即可（图2-32、图2-33）。

图2-32　嘴唇　　　　　　　　　　　　　　　　图2-33　嘴唇插画

◎ 耳朵

耳朵的结构较复杂，如果不假以时日认真练习，很难准确表现其真实结构。而服装画当中的耳朵不需表现其内部结构，只需将耳朵的大体轮廓表达准确即可。耳廓上缘与上眼睑水平，耳垂下缘与鼻根部水平（图2-34）。

◎ 发型

发型对于初学者而言是较挑战耐心的一个部分，画出漂亮的头发常会给作画者带来很大成就感。发型能起到修饰脸型、衬托服装及整体造型的作用。发型归纳主要分为直发、束发、卷发三种。

画头发时首先需观察头发的厚度及生长纹理、梳理方式等规律，确定大型轮廓，将头发分成几个发群来看待。然后从头皮开始到发梢以轻柔的线条画出每个集群的头发，勾勒出明暗阴影，画出高光。通常刻画的顺序是刘海区、侧区，再到后区。用线要有繁简变化、疏密变化、虚实变化，一般围绕脸部的头发画得仔细一些。避免线条僵硬，不顾头部整体、失去条理、琐碎凌乱地加以表现（图2-35～图2-37）。

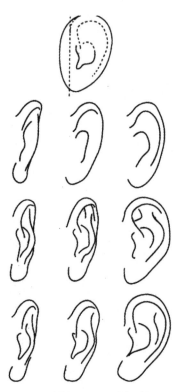

图2-34　耳朵

◎ 手

手由手腕、手掌及手指组成。在服装画中，手的描绘不必太过于精细具体，但需要比例准确，简洁生动，造型优美。

手的比例：手掌长度与手指的中指长度基本相等。手与发际线到下巴的长度基本相等。

手的形状：手指骨节较多，加之透视变化、关节活动也多，使其表现有一定难度。将手掌看作梯形，食指到小指简化看作扇形对待，运用拇指、食指与小指三指来表现手的姿态（图2-38～图2-40）。

◎ 脚

脚由脚踝、脚跟、脚掌、脚趾组成，是全身重量的支点，脚的位置、大小会影响人物的姿态美感。脚的活动范围相对于手要小很多。服装画中赤脚的情况很少，大多穿着各式鞋子。鞋跟越高，足弓形成的角度越大。

脚的形状：脚在绘制时，分为脚趾和脚掌、脚跟两个部分来表现。承重脚的刻画需更用心一些，注意两脚的前后虚实变化以及透视关系。注意脚趾和脚背以及脚腕在同一动态时的相互影响；不要过分强调脚部各关节，用线描绘要柔和。脚的内踝、外踝的描绘也很重要，内踝要高于外踝（图2-41～图2-43）。

◎ 配饰

服装配件是指与服装搭配的包（袋）、帽子、耳环、项链、手链、脚链、头巾、花饰、戒指、围巾、墨镜等物品，具有强调服饰装扮风格、渲染着装者气质、画龙点睛的作用。一幅完美的服装画，一定要注意服装配件与服装整体风格的协调一致性（图2-44～图2-53）。

图2-35 短发的表现插画

图2-36 长发的表现插画

图2-37 头发插画

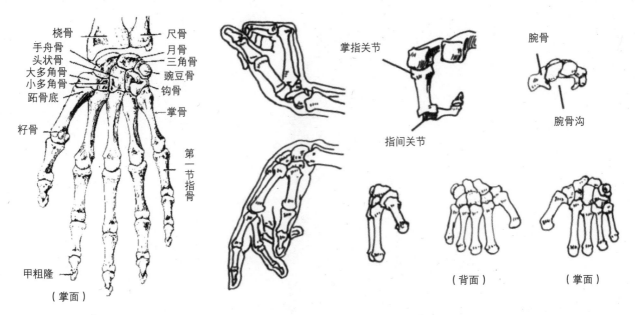

图2-38　手掌骨骼结构图

图2-39　解剖骨骼图

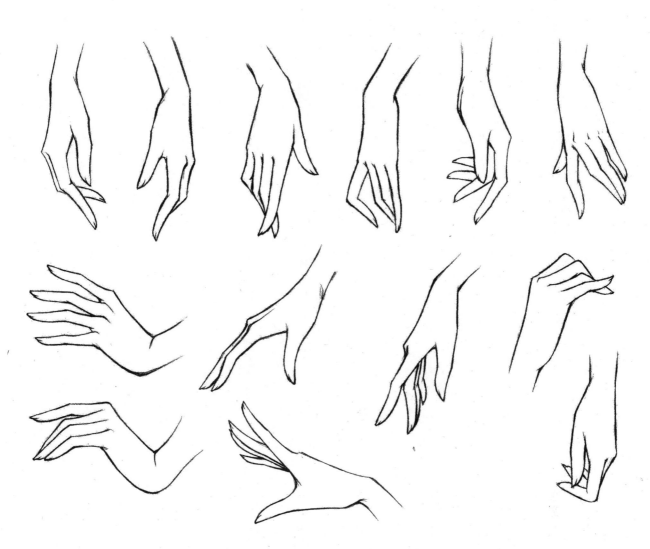

图2-40　手势动态图

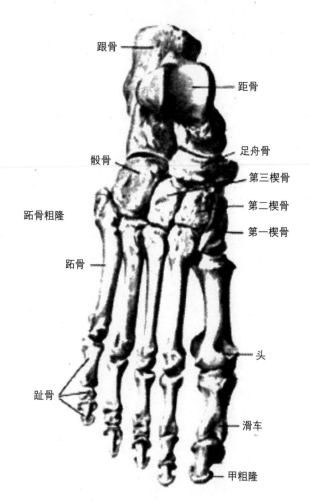

跟骨

距骨

足舟骨

骰骨

第三楔骨

第二楔骨

第一楔骨

跖骨粗隆

跖骨

头

趾骨

滑车

甲粗隆

图2-41　脚掌的骨骼结构图

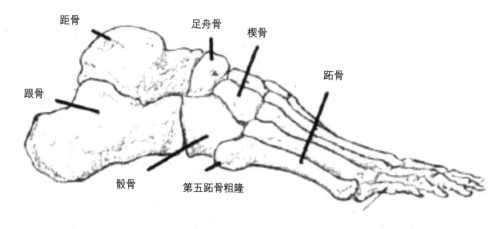

距骨

足舟骨

楔骨

跖骨

跟骨

骰骨

第五跖骨粗隆

图2-42　足部解剖骨骼图

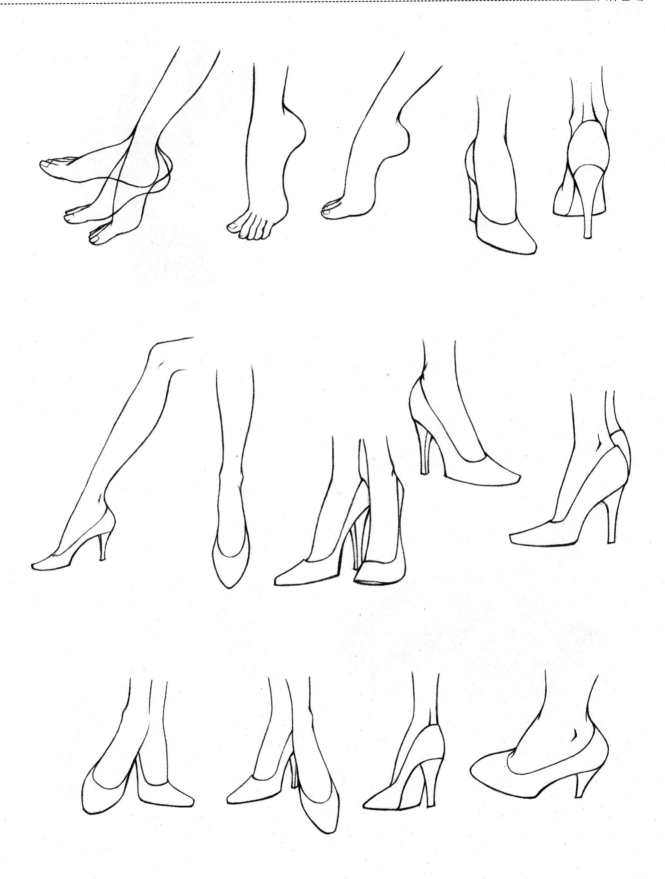

图2-43　脚部动态图

图2-44 头部造型插画

图2-45 头部造型插画

图2-46 头部造型插画

图2-47 头部造型插画

图2-48 头部造型插画

图2-49 头部造型插画

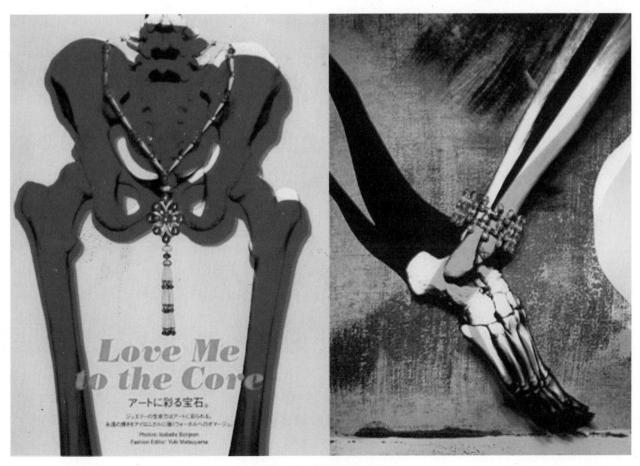

图2-50 骨骼造型插画

图2-51　足部造型插画

图2-52　鞋与包的表现插画（一）

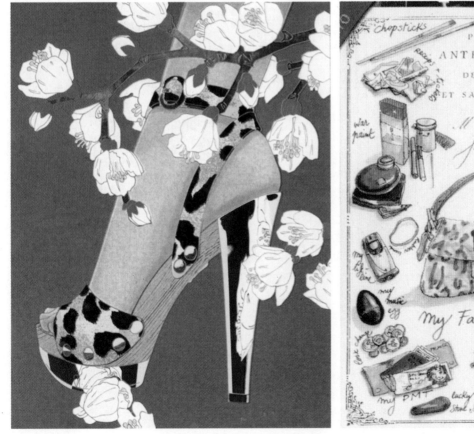

图2-52 鞋与包的表现插画（二）

图2-53　包的表现插画

课后思考题

1. 一竖、两横、三体在时装画中对人体动势有何影响？

2. 在五官局部细节表现上，都要注意哪些方面？

课后练习题

1. 熟练掌握时装画人体比例，课后绘制人体姿态图。

2. 熟练掌握五官、头发、手、脚的局部表现。

3. 熟练掌握包、鞋、帽子、腰带等服饰配件画法的表现。

第3章
时装效果图

3.1 时装效果图的意义

服装设计过程是服装效果图绘画表现的参照蓝本，时装效果图的表现也是服装与人体比例结构关系的艺术表现。

在时装效果图的绘画创作过程中，绘画形式多变，丰富且多样化，又有服装这一百变的媒介载体，使得时装效果图有着其他绘画形式所不具备的多样性，但是人体比例结构的关系是时装画创作中的基本平台，是所有艺术变化创作的基础依据（图3-1、图3-2）。

图3-1 时装画   图3-2 时装画

在时装效果图的学习方法中，人体主要结构点的规律变化是掌握时装画创作中人体表现的法宝。服装效果图是对服装流行趋势在人体上的时代化艺术表达。

3.2 时装效果图的人物风格

因为人体的着装姿态千变万化，服装与人体之间的亲和力又有很多不同表现，服装的紧身贴体和宽松随意都会带给时装效果图不同的表现风格。同样，在进行服装画人物的风格表现时，人物的五官和表情处理也是非常重要的环节。人物五官的创作手法不应该过分依靠写实，除了对五官的基本布局之外，进行人物情绪化的风格表现就是当务之急了，对表情的处理恰到好处，会对艺术化的效果图起到四两拨千斤的效果（图3-3、图3-4）。

在时装效果图的创作过程中，表现人物的着装状态时，总会有各种各样的面部表情，平静单纯的脸部状态和忧郁或者冷酷的表情，都会是时装画风格传达的重要组成部分。所以时装效果图的风格表现应该努力开创出由人物精神面貌所引导的画面氛围，其余的笔墨就集中用来处理服装上的变化，透过服装来综合表现流行趋势和人体比例结构之间的内在关联。

图3-3 抽象风格人物插画

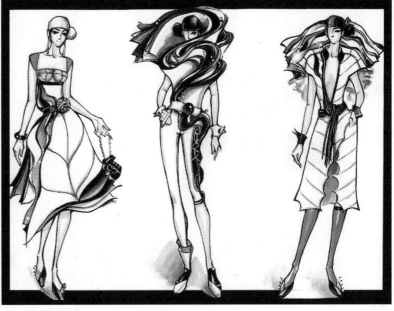

图3-4 写实风格人物效果图

3.3 时装效果图的创作流程

在时装效果图的绘画创作中，人体结构的比例特征是创作者基本依据，而表现流行趋势下的服装服饰才是最终的目的。要把流行趋势协调地表现在人体架构上，就需要在创作时关注人体结构的正确比例和姿态特征来表现风格（图3-5、图3-6）。

为了表现出时装设计的预想效果，需要在绘画创作时遵循下列步骤：

（1）依据需要创作的服装风格来确定着装人体姿态。在创作初期就根据服装的造型特点和结构特点来选择恰当的人体姿势表达，这样可以使得服装和人体之间的关联变得紧密，用最佳的人体状态来体现服装审美的特点（图3-7）。

（2）确定服装风格后就要根据人体的主要轮廓特征创作人体的主体框架。利用线条划分出人体站立姿态的基本框架和比例，并且注意透视关系和视角的表现，同时要注重构图中人物主体和背景附属物的联系（图3-8）。

（3）时装效果图所表现的是人物穿着服装在空间中的行为，所以在初稿时的表现要重点突出人物和服装的关系，也就是着装人物的造型轮廓和主体分割，有意识地把人体与服装之间的亲和力表现到位，注意服装的贴身性和宽松性。贴体紧身的局部应该根据人体的结构和体表起伏调整笔法，传达出人体的自然美，宽松随意的局部更要利用人体的姿态表现来用线条传达面料的悬垂空间。还要在创作初稿的同时关注人体特殊姿态对服装结构的影响和变化，服装纹路的变化取决于人体姿态结构和面料质感，视觉观察到的纹路可以有很多，但是实际创作中的衣纹表现需要取其重点，注意在表现手法上利用线条概括主要特点，同时要根据面料特征及时对衣纹的质感进行细节调整，最后就是线条风格化的调整，创作者要根据画面氛围和人物气质进行整体风格的统一，对所有线条进行统一风格化的调整，来满足创作需要（图3-9）。

（4）创作时装画的局部和细节装饰。时装画创作线稿的整体完成后，需要根据审美和着色需要对服装的细节进行具体刻画。服装的细节装饰要根据画面整体的风格来确定，在身体体表的分割线、缝纫线、口袋、拉链等都要服从整体透视和风格化的特点，图案、刺绣、镶缀等更要根据具体的部位进行细致地表现。利用各种手段充分完善装饰性的细节对时装画画面的重要补充（图3-10）。

图3-5　人体姿态　　　　　　　　　　　　　　　图3-6　人体姿态特征

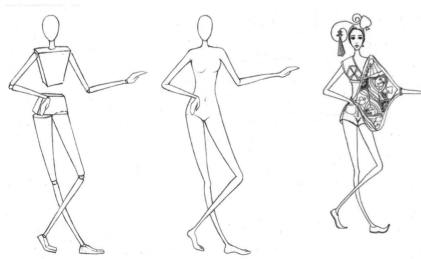

图3-7　人体姿态表达　　　　　　　　　　　　　图3-8　人体框架

图3-9　面部局部表现图　　　　　　　　　　　　　图3-10　局部衣服图案

3.4　线稿效果图的绘制

　　服装设计师利用时装效果图的线描稿这一特殊载体快速记录时装创作的想法，同时也可以反复修改进行多次创作，并被用于指导下游的设计加工以及市场消费领域，它可以独立成为插画艺术的一种独特体现，也可以进一步加工细节，成为服装加工生产的设计图纸。

◎ 3.4.1　线稿的画法

　　时装画的线稿创作使用线条进行服装的人物穿着效果表现，创作者应该对时装画的创作风格有着完整的把握，由于考虑到后期着色及处理，所以创作者应该在线条的风格化表现上下大力气，寻求画面线条的美感，探索线条的不同表现手段，丰富画面中线条的表现语言，并对人物特征的表现和服装风格的表现加以综合整理，最终达到美化服装穿着空间，让欣赏者和创作者的心灵互动达到完美统一（图3-11）。

　　时装画的线稿创作对工具、纸张、空间、时间都没有太严格的要求，但是这不代表对时装画的风格完整性没有要求，创作者一定要对画面创作的主题进行充分把握，牢牢抓住时装画的创作灵魂。线稿的布局并不在于线条的多和少，而是根据创作风格的需要进行线条的整体控制，需要后期着色的线条可以用简洁的笔触进行表现，需要刻画细致的装饰线条就必须根据服装风格进行深入刻画，并且比较不同线条画法的不同表现力，分别体会线条的艺术感染力，并熟练驾驭人物造型和服装之间的关系，懂得绘画创作时线条表现的整合，知道线条的多少和风格控制之间的关系，并熟练把握线稿创作阶段的特点，利用线条进行着装人物的综合表现。

　　时装画创作线稿的表现应该讲究线条的整体风格化传达，根据不同服装风格和不同画面张力的需要，时装画中的线条应用应该要求整体感强，线条简洁，用线高度概括，并根据未来时装画的需要进行线条风格的控制（图3-12）。

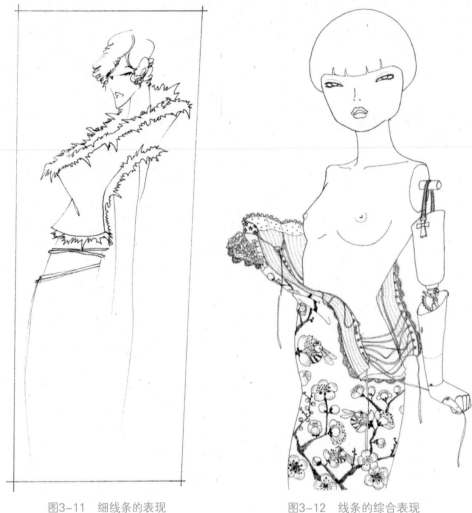

图3-11 细线条的表现　　　　　图3-12 线条的综合表现

◎ 3.4.2 时装画线条的分类

根据创作手法进行分类，时装画线稿可以使用的线条可分为以下几种。

◆ 均匀线条

特点：均匀线条一般来说表现力挺拔，使用清晰，视觉流畅，适用广泛但缺乏变化。

用途：均匀线条适合用来表现轻薄面料，并且适合表现唯美风格的清新画面。

◆ 粗细线条

特点：粗细线条由于线条由笔锋到收尾变化生动，并且可以根据线条的走向展现出丰富的变化，例如颜色深浅、渐变、顿挫感和流畅感。

用途：粗细线条较多用来体现相对厚重、悬垂感强、衣纹容易捕捉的面料。

◆ 不规则线条

特点：不规则线条的创作方法经常是采用不同艺术形式和门类中的线条表现手段，利用不同工具、不同方法、不同材料和不同的视觉艺术观念来进行更加多变的线条艺术感染力创作。

用途：不规则线条多用来进行现代插画的特殊风格探索，形式不拘一格，变化多样适用面广，并且载体平台多样化（图3-13）。

图3-13 人体线条表现

根据时装画线条的用途可以分为以下几种：

人体线条

人体线条是时装画创作的根本，时装画人体的线条表现方式也是丰富多变，但因人体与生俱来的结构特点，线描稿的人体表现不可能无限制夸张，以免对服装的表达产生冲击。

人体轮廓线最好的表现方式就是似有若无，结构性的局部进行重点刻画，例如肩点、腰胯、膝盖、脚踝，其余部位就可以利用均匀的线条连接，并很好地和后期色彩融合到一起。

衣纹

衣纹是人体穿着服装之后服装与人体之间的覆盖交错变化，这些经由人体体表的围度变化以及肢体运行而形成的纹路会间接体现人体的姿态特征，认识其规律特征可以帮助我们对人体结构有更进一步的认识，并很好地加以利用在时装画线稿的线条创作中。

衣纹的出现更多的是在人体的四肢关节部位，因其相对活动幅度大，所以容易有衣纹的出现，并且会跟随肢体的不同运动而形成不同的衣纹变化，也会因为服装用料的不同形成衣纹较大的区别（图3-14）。

服装结构轮廓线

服装线条的表现是一个综合体系，除了衣纹表现之外，还有更重要的就是服装的结构线和轮廓线，服装结构的划分受制于服装流行趋势和加工生产，更是服装设计师创意的重要体现，服装内部结构线的表现应该尊重服装创作的客观规律，对观察者进行正面的引导，所以，在时装画创作当中的服装内部结构线表达，应该简洁清晰，结构明确不误导。服装轮廓线更要关注着装人体的比例和造型，利用人体轮廓和服装轮廓之间的比较，来充分表达时装画所传达的流行趋势感和设计感。所以服装轮廓线的表现应该重点突出造型感，其次兼顾画面整体风格，最后整体梳理线条质感（图3-15）。

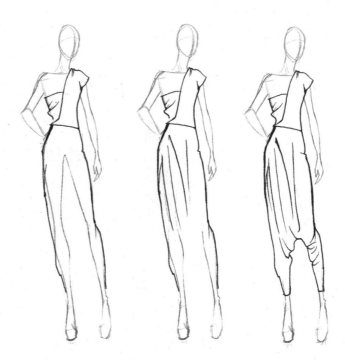

图3-14　衣纹表现　　　　　　　　　　　　　图3-15　服装结构轮廓线

3.5　效果图的着色绘制技法

◎ 3.5.1　水粉画法

水粉颜料又被称之为不透明水彩色，因为造价低廉所以适用面广泛，根据使用平台和研磨程度又分为锡管装和瓶装，水粉颜料覆盖能力很强，具有便于多次覆盖叠加修改的优点。

时装画水粉表现技法

水粉颜料兼顾油画和水彩的特点，根据使用方法可以划分为厚画法和薄画法。

时装画水粉厚画法可以充分利用水粉色覆盖力强便于修改的特点，使用多种不同笔法来综合表现较为写实的画面质感，例如对于厚重面料的纹路和肌理质感表现，对于衣纹的细致刻画，对于色彩光影的深入表现，水粉厚画法都可以完全胜任（如图3-16、图3-17）。

图3-16　水粉表现技法

图3-17　水粉表现技法

时装画水粉薄画法一样可以发挥水的过渡和晕染效果，充分发挥薄画法优势，就是强调水的协调作用，把颜色过渡的细腻感觉体现出来。薄画法可以用来专门表现半透明的纱料和丝织物，若隐若现的表现方式可以凭借水的过渡作用来加以渲染。

时装画水粉薄画法可以深入人物细节和服装细节，利用色彩的表现力来传达着装人物和服装的关系，并着重强调服装面料的写实感觉，对于广泛的色彩表现而言，水粉画法具有不可替代的作用，因其容易掌握所以也是广大初学者最先接触的工具（图3-18）。

图3-18　水粉表现画法

◎ 3.5.2　水彩画法

水彩颜料的特点是透明，覆盖力弱，着色之后不容易修改，绘画过程当中需要运笔迅速、准确并且要一气呵成，水彩画法追求创作过程当中的意境，着力强调色彩的透明感和协调感，相对水粉画法的写实性优点而言，水彩画法更加适合进行色彩方面的研究和变化（图3-19）。

时装画水彩的淡彩法以线条表现为主要手段，在时装画的人物表现和服装框架下，进行块面色彩的敷着，在绘制过程中突出笔速和颜色的水分控制。这种着色方法紧紧跟随画面中线条的走向和虚实，线条的变化往往会带给着色方法以不同的调整，很多线条工具都适合这一画法，例如铅笔淡彩、钢笔淡彩等，所以，时装淡彩画法更多关注的是线条表现力，但是不能忽视淡彩在其中的不可或缺的作用，因为色彩的表现力基于线条会更加饱满（图3-20）。

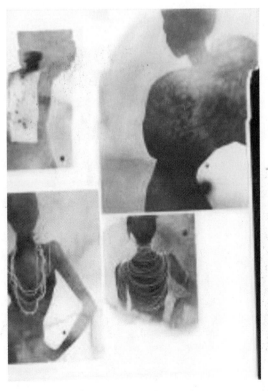

图3-19　水彩表现画法

图3-20　水彩表现画法

时装画水彩表现技法着重表现湿画法对于颜料的调和作用，充分利用水的媒介，对于色彩的细腻表现起到良性引导。时装画水彩画法的绘制技巧就是要把握好水分的多少和下笔的时机，尽量少用多层覆盖，多多体现水的晕染、洇渗、叠色效应。时装画水彩画法的关键也是对于水的重新认识，将颜料和水迅速铺就，才能体现出水彩的透明感和色彩的协调感，在时装画的材料质感体现中，水彩画法更适合表现比较半透、轻薄、悬垂的真丝和纱料。

◎ 3.5.3 彩色铅笔画法

时装画彩色铅笔画法更加方便易用，很多初学者的着色训练就是从彩色铅笔开始的，这要归功于彩色铅笔的颜色选择丰富，再加上多种颜色的覆盖叠加，彩色铅笔在时装画的色彩表现中具有非常独特的表现力。

利用彩色铅笔进行时装画的绘画创作较为容易，彩色铅笔的属性也和普通的铅笔类似。与水粉、水彩这一类工具相比，省去了使用水进行色彩调和的过程，绘制过程会比较简便。

普通的时装画画法就是线稿打底后进行分别着色，画法并不复杂。彩色铅笔能充分发挥灰度色彩和硬笔的优势，利用多种颜色互相叠加，多层次交错，使色彩的视觉信息因为彩色铅笔工具的特殊性而得到充分发挥，彩色铅笔的价值就在于发挥不同原色的交互作用，利用绘制手法进行各种间色的突破和尝试，这样就会使色彩表现力得到最大程度的拓展，从而提升彩色铅笔的利用价值。

彩色铅笔分为水溶性彩色铅笔和普通彩色铅笔

水溶性彩色铅笔同时具有普通彩色铅笔和水彩的功能，也有很多颜色可供选择，使用方便，携带容易。彩色铅笔正常着色可以有属于铅笔的笔触效果，利用毛笔和清水晕染后就会有水彩的效果（图3–21、图3–22）。

普通彩色铅笔的画法容易掌握，初学者由素描线稿或者速写线稿过渡到着色，因为同样是硬笔会感觉到比较适应，但普通彩色铅笔的缺点是颜色的表现力有限，灰度偏大，不容易画出较为鲜明的色彩冲击力。

图3–21　彩色铅笔表现　　　　　　　　　　　图3–22　彩色铅笔表现

值得一提的是水溶性彩色铅笔画法可以弥补彩色铅笔最大的缺点，这就是色彩纯度的欠饱和，因为绘画者常常因为运笔力度和选色的问题，使得彩色铅笔着色的画面呈现出一种偏粉的灰度感，但是水溶性彩色铅笔画法利用水把属于水彩的色彩感释放了出来，从而很好地解决了这一问题。

◎ 3.5.4 马克笔画法

同样作为硬笔画法，马克笔又有着截然不同的属性，马克笔可以分为水性马克笔和油性马克笔两种。马克笔的笔头也有粗细的区别。与彩色铅笔一样，马克笔的色彩分类非常丰富，色系完整，选择余地极大，但是马克笔不适合色彩的细腻调和，只适合简单叠加，马克笔色彩非常透明，因为是硬笔，所以笔触质感有特点。

时装画创作的马克笔画法，相对来讲是时装画创作中比较简便的方法，马克笔的笔触质感强，可以表现线条，也可以表现块面，因为马克笔色系庞大、选择余地大，所以也不需要专门调制颜色，并且色彩干燥迅速，在不同载体媒介上还可以体现许多意想不到的效果，再加上不同的绘制手法，对于马克笔的创作效果可以带来许多变化。马克笔最大绘画特点就是兼顾线条和颜色，可以直接把创作思路立刻表现出来。时装画的马克笔画法也要讲究对工具特性的尊重，马克笔的绘制讲究线条力度的控制，体现硬朗的直线条是马克笔的优势所在，但是这并不代表马克笔就不能表现色彩过渡，马克笔的色彩表现一定要和服装结构线和人体节奏点相结合，再加上与纸张的留白做综合对比，马克笔的时装画创作就会体现出巨大的创作空间，马克笔画法运笔迅速，线条硬朗率性，表现光板皮革及金属饰品有着得天独厚的优势，并且颜色透明清澈，不同笔法配合后可以创作出较为多样化的效果（图3-23、图3-24）。

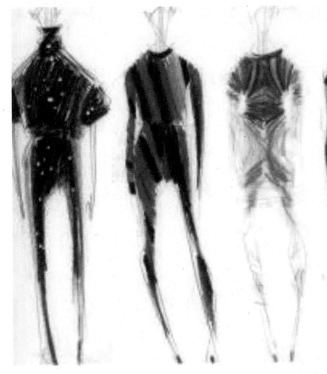

图3-23 马克笔画法

图3-24 马克笔画法

3.6 时装效果图的面料质感表现技法

◎ 3.6.1 皮革质感的表现方法

皮革因为材料特殊所以有非常显著的特点，这就是光板皮革的高反光，皮革材料的光泽感强，明暗反差强烈，是服装材料当中极具视觉冲击的，在时装画绘制的形式感中也是最容易捕捉的面料质感之一。

时装画的皮革面料画法需要注意分析面料特点，皮革的表层密度大，经过涂层处理后有极强的反光，所以在绘制时就需要注意突出强调高光部位的光泽感。另外，在绘制技巧上，一定要注意皮革材料的纹路特点，并根据皮革材料的厚薄及时调整衣纹的圆润程度，并合理设置每一根衣纹的起止，这样才会最大程度地表现皮革材料的独特气质（图3-25）。

◎ 3.6.2 呢绒材料的表现方法

秋冬服装的特点就是保暖特性，呢绒材料就是常见的秋冬装主要材料，呢绒材料质地厚实，与皮肤的亲和力强，细腻舒适。所以这类时装画面料质感的绘画表现是非常具有代表性的一类画法。呢绒材料还因为织造方式会有表面的颗粒感，这一类稍显粗犷的质感表现比较适合于多种工具组合体现，例如可以采用水粉色铺底，等到半干时用细毛笔蘸饱和程度较高的无水颜料进行干蹭，采用皴法磨出毛呢材料的颗粒感，也可以采用水彩薄画法铺底色，待完全干透后再用彩色铅笔处理纹路和笔触，充分利用彩色铅笔的颗粒感和笔触来表现呢绒，这样采用多种工具组合手法表现的手段势必会达到事半功倍的效果（图3-26）。

图3-25 皮革材质的表现

图3-26 呢绒材料的表现

◎ 3.6.3 透明材料的表现方法

时装画面料质感表现当中的又一大类就是具有半透明效果的轻薄材料，这类材料包括雪纺、丝绸、纱等，这类材料的表现手段通常也和人体的表现息息相关，因为轻薄材料的半透明质感都是通过视觉的穿透效应来体现的，所以一般情况下，都需要首先把底部的基础先处理好，然后再根据轻薄材料的质地和半透明程度采用水彩薄画法进行晕染，待半干时再用衣纹笔根据边缘层次和构造仔细处理勾线，线条的重叠可以加深透明材料的飘逸写实感，透明质感的表现需要和纸面的底色以及衬底的皮肤色协调配合，只要覆盖层次的变化能传达出轻薄材料的感觉，底色就是成功的。

　　半透明材料的恰当表现方法是先根据块面效果铺就整体颜色，然后根据结构调整细节色块，再仔细观察合理的线条存在，再进行必要的勾线，保证材料的轮廓特征，最后再根据形体造型的需要进行必要的细节调整（图3-27）。

3.7　服饰配件的绘制

　　时装画当中的服饰配件绘制，首先要根据服装画整体的风格进行分析，然后确认饰品的结构形式，线稿满意后着色的依据依然是画面的整体效果，并且值得注意的是，饰品的质感通常会和皮肤质感及服装面料质感不一样，在选用绘制工具和创作手段时也要特别注意画面风格的统一协调（图3-28）。

图3-27　透明材料的表现　　　　　　　　　　图3-28　服饰配件的表现

课后思考题

1.不同种类的线条在表现力上有何不同？

2.不同的工具和表现技法会对时装效果图的风格有何影响？

课后练习题

1.服装画的风格表现练习。

2.服装画的着色练习。

3.服装画的材质表现练习。

第4章
服装平面款式图

服装平面款式图是在服装效果图绘制之后，利用线条表现服装细节的结果划分的图形。平面款式图是效果图的进一步延伸，如果把时装画比作主观的视觉创作，那么服装平面款式图就是非常客观的工艺图纸。服装平面款式图不仅要和效果图一样对服装的基本款式和造型进行说明，还要对服装各部位的细节结构、版型分割、工艺体现以及局部尺寸等进行详细的说明，必要时还可以直接标注尺寸和文字，辅面料小样，这样一个完整的服装平面款式图就成熟了。所以说，平面款式图也是效果图的进一步细化和延伸，是进一步量化确认的结果。

服装平面款式图也是把时装画当中对于结构表现并不明确，对人体和服装比例的适度夸张进行了回归，把时装画的艺术加工创作调整为更能被人读懂的可以量化的工程制图，这些都是为了继服装设计师之后的版型师、工艺师能够容易读懂，能够轻易对结构和比例以及工艺尺寸有更进一步清楚的认识。

服装平面款式图就是对服装的结构分解能产生正面认识的具有切实科学依据的工程制图，为方便制作，要求每一个服装附件和局部都要详细说明表现。

服装平面款式图的绘制手法是用简洁的线条、平面的几何表现方式来描述服装的版型分割结构。服装平面款式图更是服装设计和制板、裁剪等流程中非常重要的一个环节，通过平面款式图，可以让版型师和样衣工清楚地认识服装设计师的创作思想，在真正的服装设计创作当中，服装平面款式图作为最有效的沟通媒介，是所有上下游的从业者进行有效衔接的重要工具，所以它最为准确、有效并且快捷方便，手绘以及计算机辅助绘图都可以迅速进行绘制。所以，服装设计师都应必须掌握服装平面款式图的基本画法和基本要求。

图4-1　服装平面图

服装平面款式图要求对服装细节部位的造型轮廓、版型分割的线条走向，相应位置的比例提示，内部结构线的走向设计等进行尽可能详细的说明，在省道分割、褶裥、扣眼、拉链等工艺属性部位更加准确地表述尺寸，并且对面料拼色、对条格纹路、面料纱向等工艺说明也可以直接表现，还有局部采用的缝制工艺、套结、线迹都可以进行说明，这样就可以让使用者非常清楚地认识服装分解的量化信息，便于安排相应的工作开展。

服装平面款式图也包含服装正、背面款式图以及服饰配件的平面款式图，在实际工作当中如果有需要也可以将局部的部位进行放大，进行细节说明，更进一步的文字说明和必要的图标表示，也可以设计表格，进行图纸当中所有尺寸数据的整理和归纳，并分条目进行工艺步骤的说明，这样就可以更加全面准确地传达服装设计师对于服装造型结构的设计要求（图4-1）。

4.1　服装平面款式图的绘制特点

（1）服装平面款式图要求使用线条工整、规范，所有部位的造型、比例完全符合服装加工的规格，比例和尺寸也是设计师的设计意图的准确传达。

（2）服装平面款式图要求使用规范、清晰、准确，使用有区别的线条用来表示轮廓线、分割线、装饰线等，并且更加强调平面款式图当中的工艺说明。

（3）服装平面款式图一般用不同粗细的单线条描绘，绘制线条平滑流畅，整洁规范，方便使用者对于制图的准确理解，不能使用模糊不确定的表述，以免产生歧义。

4.2　服装平面款式图与时装画的关系

时装画是服装设计师对于流行趋势的理解之后，绘制的完整的人物着装的行为状态，利用经过艺术夸张的人体比例和姿态，穿着理想的服装在合适的空间中的流行呈现，时装画表现手法多样，使用工具丰富，风格手段多变，并没有确切的规定来要求时装画的绘制形式和标准，长久以来，约定俗成的对于时装画的认识也基于此，就是设计师个人对于流行趋势的主观认识的一种绘画，风格多变强调审美和个性化，绘画形式不拘一格，完全是设计师的主观呈现。

但是服装平面款式图所表现的是一件服装或者一套服装的平面状态。服装平面款式图的功能属性决定了它的作用就是承接服装生产加工序列的工程图纸，目的就是准确直白，不可以有任何歧义的理解，所以服装平面款式图就不需要有任何的艺术化表现，服装平面款式图就是追求严谨和一丝不苟，清晰地表现服装结构，尺寸规格准确，说明完善，这样的服装平面款式图就是服装效果图和时装画的延伸和进一步说明，和时装画创作是递进关系，由主观到客观，由感性转化到理性，由设计转化为施工。所以服装平面款式图扮演了承上启下的重要功能。

服装的造型轮廓和主体分割是服装造型款式的最重要体现，而服装平面款式图是对设计师设计意图的更加详细的说明，所以它也是时装画的进一步补充说明。服装平面款式图是服装的平面展示效果，是将时装画和效果图当中的不明确和较模糊的部位加以准确说明，所以在实际生产当中服装平面款式图是指导生产加工的重要工具手段（图4-2、图4-3）。

图4-2　平面款式图

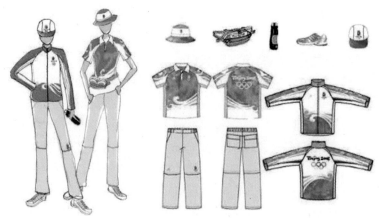

图4-3　平面款式图

4.3　服装平面款式图绘制原则

（1）服装平面款式图针对服装的各部位比例要协调。

（2）服装平面款式图的构图要适当，套系对比准确无误，尽量少做叠加重合。

（3）服装平面款式图的工艺说明要准确，文字描述恰当、准确，标示清楚。

（4）服装平面款式图的所有局部都为服装加工的完整效果服务，所以传达美感的使命不是第一诉求，重要的是所有人都可以准确地理解结构设计和工艺设计的要求。

（5）服装平面款式图上的辅助说明要丰富准确，构成服装细节的要素都要一一传达，服装附属物只要和加工相关联都要进行说明（图4-4）。

4.4 服装平面款式图绘制内容

◎ 4.4.1 服装平面款式图比例的确定

服装平面款式图绘制过程，应该首先对所绘制的服装有一个清楚的认识，首先确定服装的大体比例和轮廓，确定主体分割和穿着方式，再根据具体版型和结构进行细节的绘制，最后把握比例，针对整体和局部的关系进行调整，最终检查线条的不同区别，加以标注和文字说明，这样才算服装平面款式图的完整呈现（图4-5）。

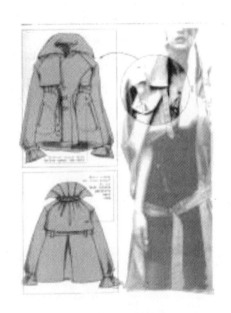

图4-4 平面款式图

图4-5 平面款式图

◎ 4.4.2 服装平面款式图的对称关系

服装是人体包裹的软雕塑，人体具有与生俱来的美感，并且人体也是因对称而产生美感。所以在服装平面款式图的绘制中，我们需要根据对称规律进行合适的比例划定和创作，然后根据具体的位置进行细节调整，这样就可以起到事半功倍的效果。

◎ 4.4.3 服装平面款式图的线条画法

服装平面款式图一般是由各种不同效果的线段组合而成，各种线条的属性各有分工，在进行服装平面款式图的绘制过程中不能混淆线条的属性，保证服装加工序列的所有环节都对服装平面款式图有唯一解释，所以在线条的把握中要注意使用线条的规范、准确、清晰，再兼顾美感，将轮廓线、结构线和标示线等线条区别开，这就需要针对不同部位分别设置不同的线条形式。

服装平面款式图绘制时不同线型起到的作用是不同的，粗实线一般用来表现服装款式的轮廓线和主体分割，例如整个衣身的造型轮廓和门襟以及领型；细实线一般用来表现服装的内部结构

图4-6 平面款式图线条表现

线，也就是结构分割，比如公主线、袖笼弧线、口袋，这类线条通常需要准确表达位置和走向，但又不需要重点强调，所以采用细实线会比较恰当；虚线通常用来表现服装外部工艺的缉明线部位，根据工艺需要，可以适当调整虚线的密度和粗细（图4-6）。

◎ 4.4.4 服装平面款式图的文字说明和面料小样

服装平面款式图的线条部分绘制完成后，为了可以和版型师、工艺师及样衣工很好地协作，还应该对服装平面款式图当中的众多细节加以说明性标示，在这里主要分为两大类，一是尺寸数据的准确标注，必要时可以列表统计；二是工艺制作的文字说明，例如纱向、对条格以及缝纫线迹的要求等，这些都是在服装平面款式图当中不能严格绘制清楚的，就应该一一加以文字说明，尽量言简意赅准确无误。

通常在服装平面款式图中不做颜色和图案处理，最直观的方式就是附面料小样以及辅料，例如拉链、口子、各种衬料等。这样利用直观的材料特征来对比文字表达的工艺说明，再对应服装平面款式图的结构传达，服装生产加工序列当中的从业人员就可以在这个图纸当中获得完整的参考数据和说明（图4-7）。

图4-7 平面款式图与文字说明图

4.5 服装平面款式图的绘制工具和形式

◎ 4.5.1 服装平面款式图绘制的工具和材料

绘制服装平面款式图所使用的纸张通常使用普通的办公用纸，不同比例的坐标纸，不同粗细的绘图铅笔和橡皮，大小合适的透明直尺和曲线板，拷贝纸和透台。这些工具极其简单，并没有像时装画一样的不同种类丰富的创作工具，但是其绘制过程的严谨性和图纸的实用性是时装画所不可比拟的（图4-8）。

◎ 4.5.2 服装平面款式图的绘制要求

服装平面款式图的绘制过程要求单线条要平直均匀，光滑细腻，必要的弧线必须根据服装的具体结构来确认，切忌想当然，否则会对服装版型造成不同理解，服装平面款式图把服装色彩和图案降低到最低限度，明确体现服装比例和造型。

（1）绘制之初需要仔细确认

服装平面款式图绘制之前，需要理解和准确把握服装设计师对于流行的理解和把握，这些资讯需要经验积累才可以在服装平面款式图当中进行微妙的呈现（图4-9）。

图4-8 着色平面款式图　　　　图4-9 线描平面款式图

（2）服装平面款式图的比例要准确

服装平面款式图因为没有人体作为支撑和依托，所以正确控制和引导，以及严格的比例就显得尤为重要，在绘制时首先根据人体的基本比例来确定框架，再根据设计图的造型要求处理轮廓和结构分割，最后根据细节尺寸数据调整局部。这一切都要围绕准确的比例来进行绘制。

（3）服装平面款式图的结构要合理

服装平面款式图是设计效果图的进一步理性说明，所以在效果图或者时装画当中所创作的造型结构都需要在服装平面款式图里进行数据分析和量化，这更体现出对于服装结构合理性的要求，合理性一方面，体现为尊重设计、尊重创新性，也尊重流行趋势；另一方面，更要尊重生产加工的现实需要，不切实际的结构设计只会带来加工流程的复杂化和服装终端的理想满意度降低，这一切都可以在服装平面款式图的阶段就加以修正和弥补，以免造成不该有的损失。所以，服装平面款式图的合理性检查是服装设计加工的重要保障。

4.6　服饰配件的平面款式图

服饰配件的平面款式图是指与服装相搭配的鞋靴、包（袋）、帽子、手套、耳环、项链、手链、脚链、头巾、花饰、戒指、围巾、墨镜等物品，服饰配件有调节服装装饰重心、美化人物着装空间节奏的作用，服饰配件的平面款式图也要注重这一基本定位，强调饰品的点缀作用，注重比例适当，质感与服装主体的对比要协调，服饰配件的风格也要与整体服装空间的感觉相一致（图4-10、图4-11）。

（1）饰品

饰品种类繁多，根据设计需要分布在各个部位，平面款式图在绘制上要求与服装构成一个完整体系，除了风格对应之外，还要在质感体现上突出材质的区别和服装之间的对应关系。

（2）包袋

包袋的节奏点可以在服装的穿着空间中起到很好的强调和调节作用，可以利用包袋的造型和材质对服装起到烘托作用。平面款式图也需要针对这一属性进行细节的强调。

（3）帽子

帽子在服装空间的装饰作用有目共睹，强调帽子的平面款式图造型，是对于服装造型的补充说明，在绘制过程中应当注重严格的比例和造型特征，如果需要，可以进行帽子的多角度绘制，以帮助理解造型结构，同时也可以体现帽子与服装的协同关系。

（4）鞋

鞋类的样式丰富，造型变化多端，在平面款式图的绘制上应当注重结构划分和比例设置，应当注意比较鞋子和服装之间的关系，并且按照透视和观察角度的理解对鞋子的造型进行划分，然后进行平面款式图的细节绘制。

图4-10　上衣

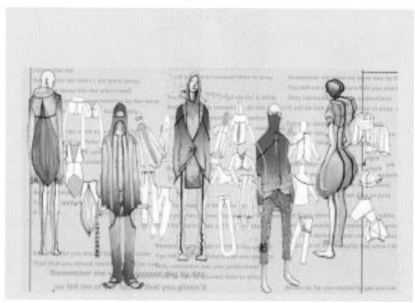

图4-11　服饰

课后思考题

1. 表现平面款式图时要注意哪几个方面？

2. 平面款式图与时装效果图的不同点与共同点？

课后练习题

1. 进行线描款式图的练习。

2. 进行着色款式图的练习。

第5章
时装画赏析

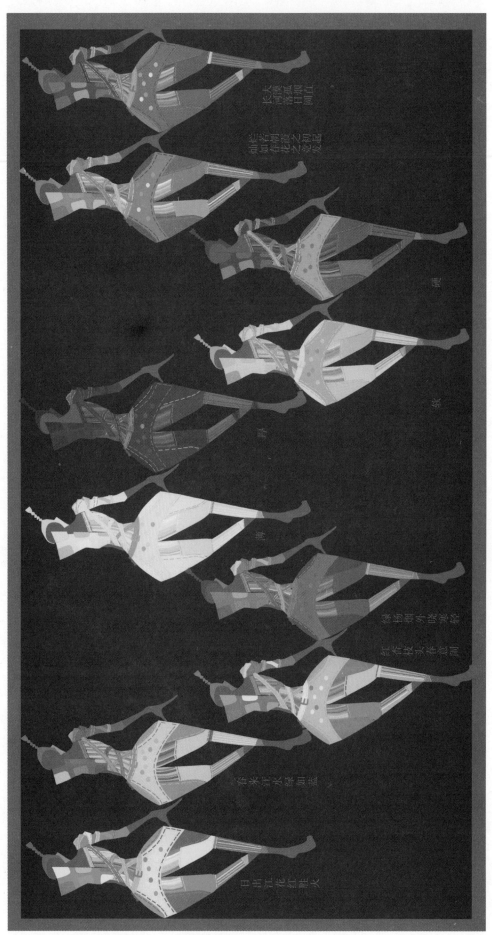

服装色彩搭配效果图

服装色彩搭配练习

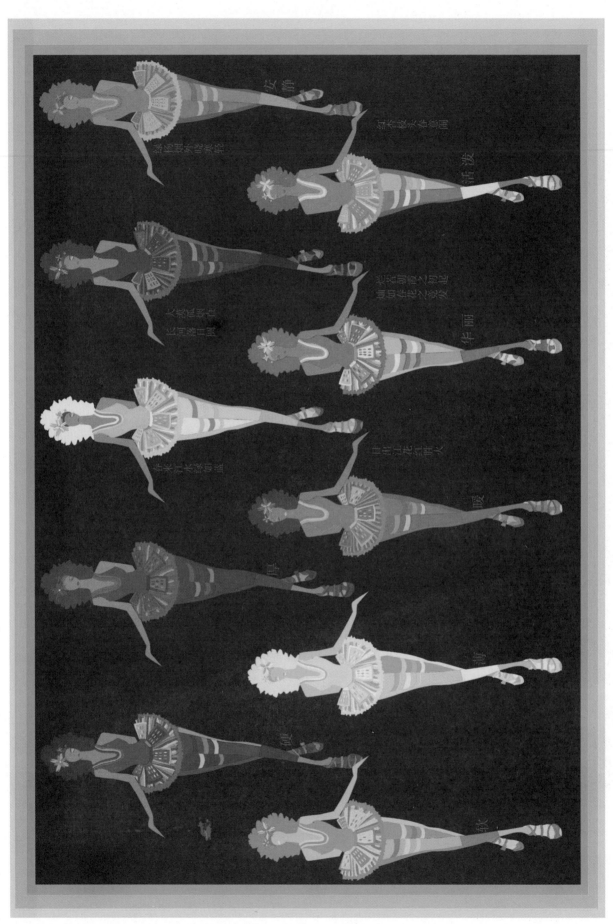

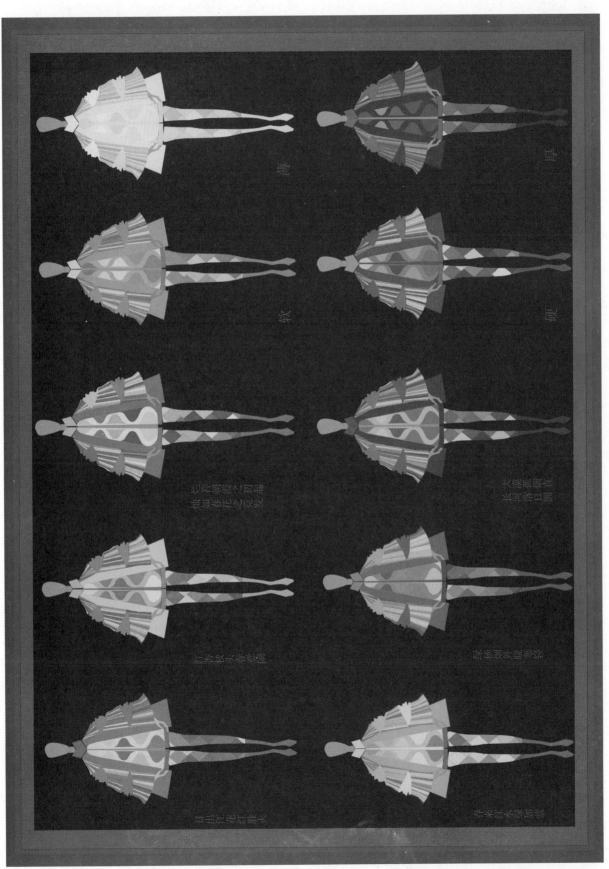

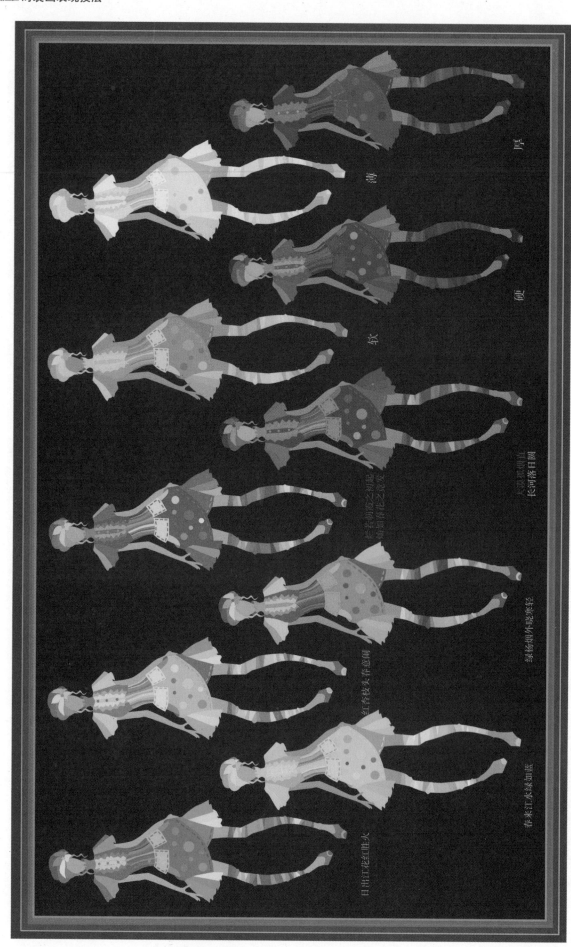

服装色彩搭配练习

无彩色与有彩色

有彩色与无彩色

明度类似调和

纯度透明类似调和

花料与素色搭配调和

服装色彩搭配练习

服装色彩搭配练习

花布与素布

有色与无色

无色与有色

明度调和

纯度调和

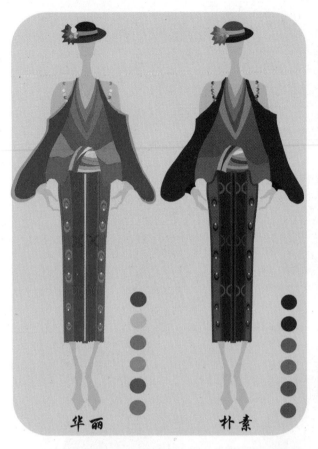

华丽　　　　　朴素

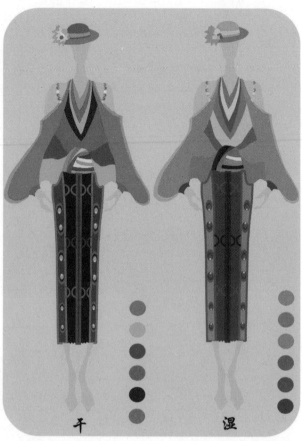

干　　　　　湿

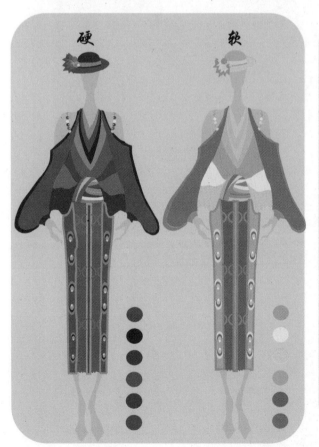

硬　　　　　软

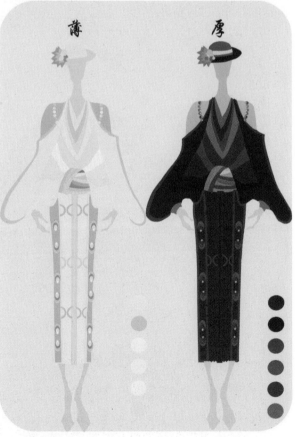

薄　　　　　厚

服装色彩搭配练习

毛皮系列时装画

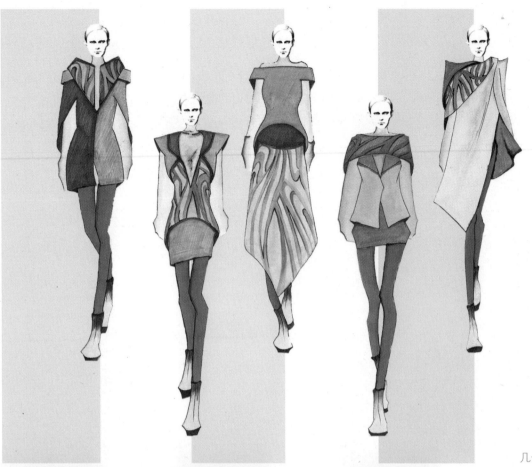

扰乱了几何

几何时装设计效果图

北京印象

设计说明：本设计的灵感来源于中国民俗文化的建筑——北京的四合院和胡同。主要采用了四合院的含义"围"的概念，使服装大多具有包裹感，同时采用针织与梭织的结合来表现。针技法方面多表现的是屋檐上瓦片的层叠感。在民俗文化领域，采用了以门环装饰艺术为元素，采用刺绣编织的技法使其立体感更加丰富。

主题式服装设计效果图

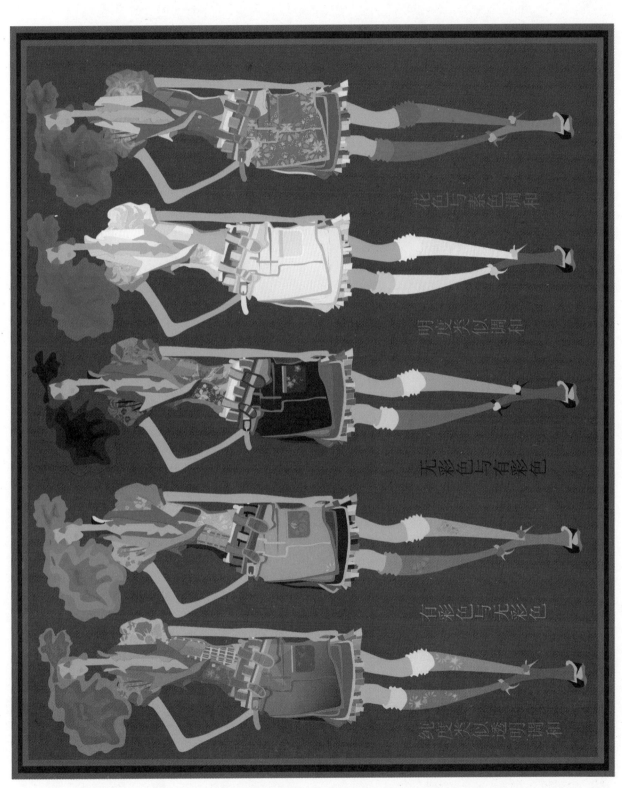

花色与彩色调和

明度类似调和

无彩色与有彩色

有彩色与无彩色

纯度类似调和

服装色彩搭配练习

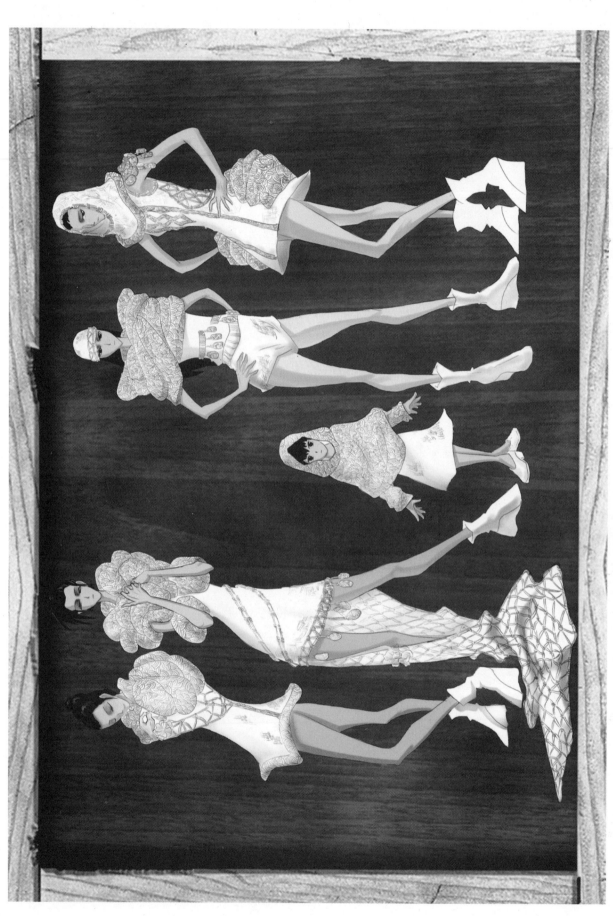

针织服装效果图

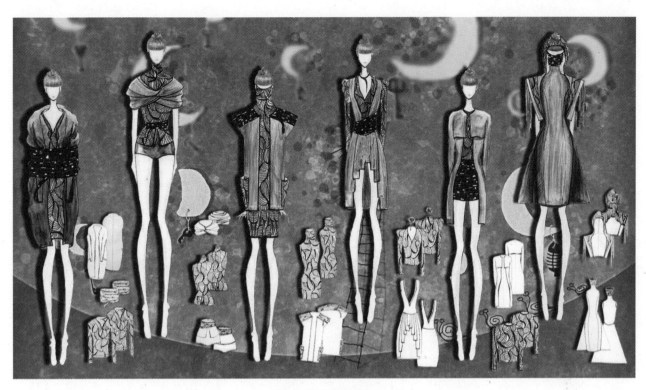

针织系列服装效果图

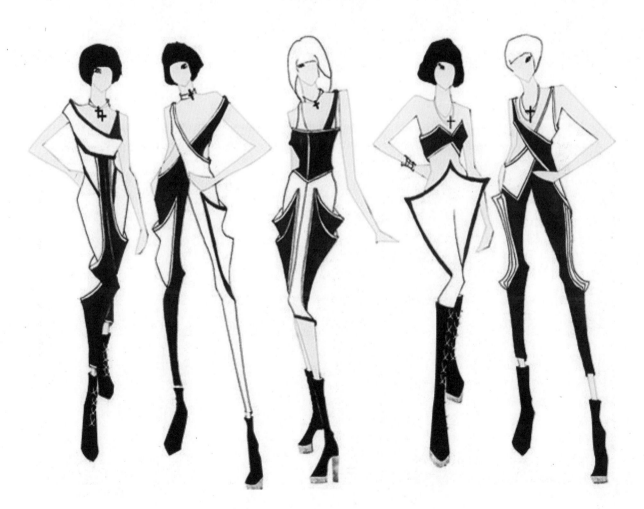

创意时装设计效果图

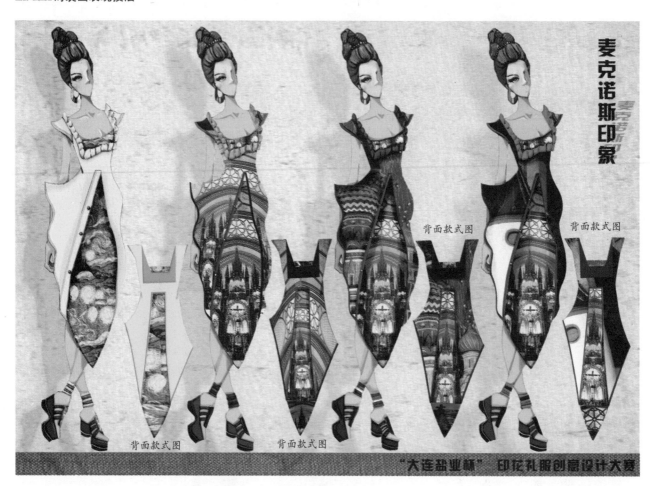

创意服装设计效果图

服装色彩效果图

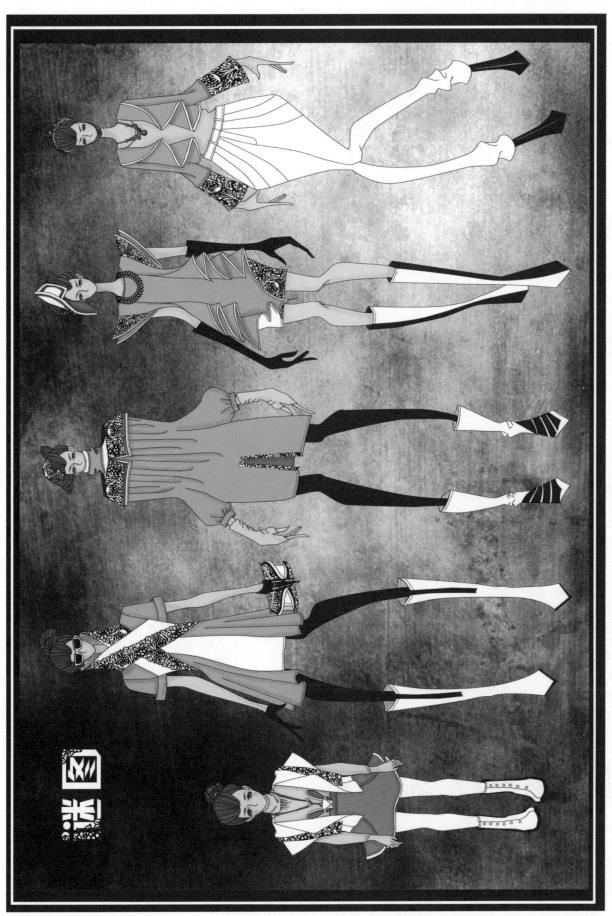

创意时装设计效果图

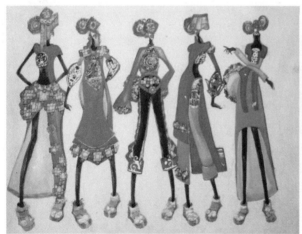

系列时装设计效果图

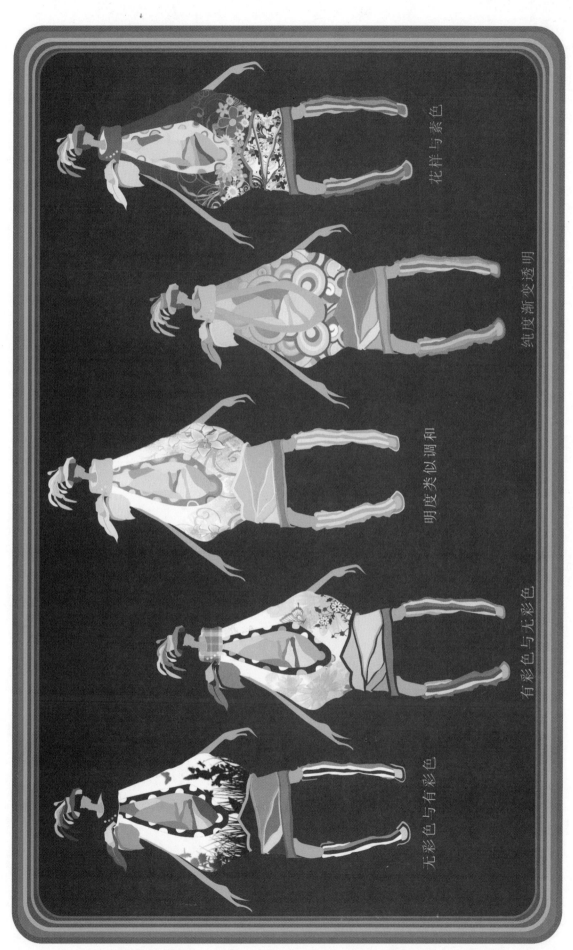

花样与素色

纯度渐变透明

明度类似调和

有彩色与无彩色

无彩色与有彩色

服装色彩搭配效果图

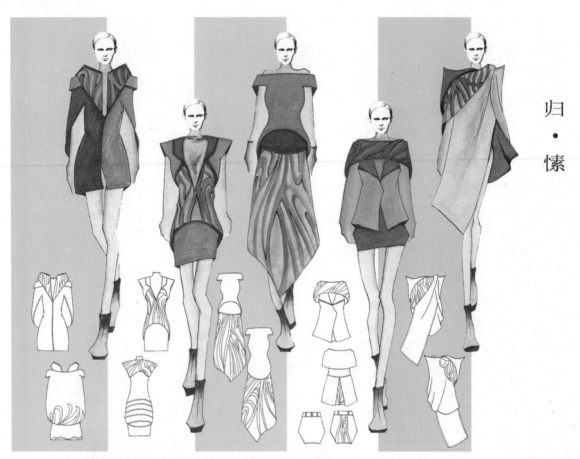

归·愫

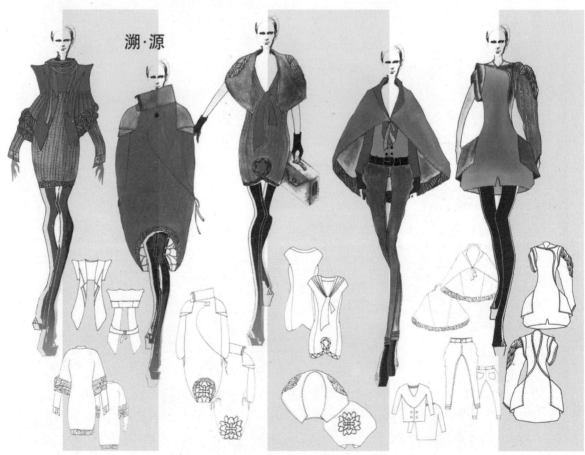

溯·源

创意时装设计效果图

创意时装设计效果图

时装画插画

时装人物动态图

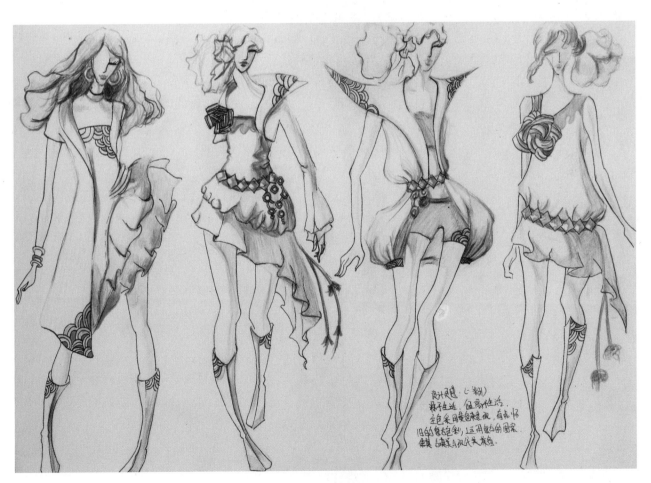

创意时装设计效果图

时装人物插画

时装人物插画

时装人物插画

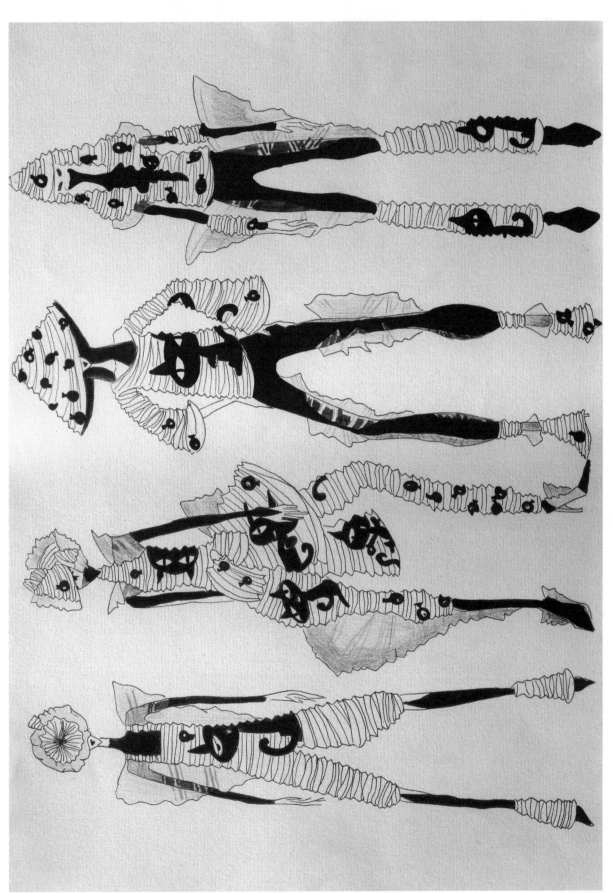

点、线、面在时装效果图中的表现

时装人物插画

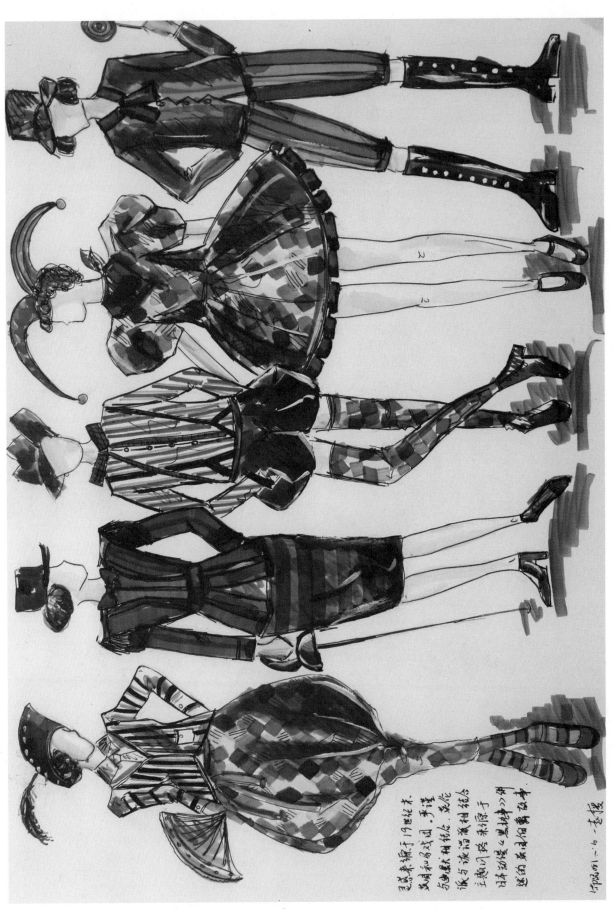

戏剧人物服装效果图

小丑装来源于19世纪末,
英国和法国的戏剧、手谈
与游戏材料中。是此
派与流行流利起
主题以跨来源于
日本动漫《黑执事》冲
述的英国仆角故事。

1/9206.01~16 志屋

设计说明

我们的设计灵感来调于彩虹,
遇到我们总是勇敢的面打击,
期望狂风暴雨过后总会布彩虹,
年轻的我们专用一颗执极,司
上司心去迎接每一个挑战,本
设计运得色彩以彩虹七色和
黑,灰为主。

针织时装画效果图

人物上半身时装插画

人物上半身时装插画

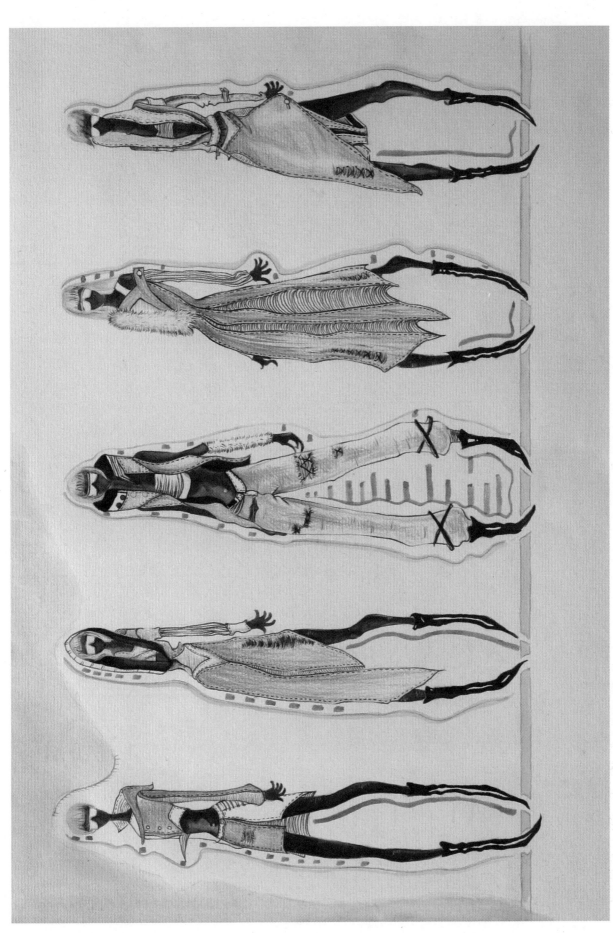

系列时装画效果图

人物上半身时装插画

时装插画

人物时装插画

毛皮配饰效果图

人物时装插画

人物时装插画

人物时装插画

人物时装插画

人物时装画线描效果图

作品名称：缠·魅

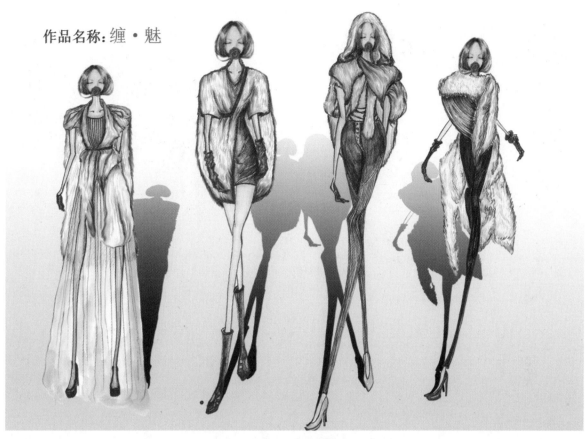

创意时装设计效果图

针织时装设计效果图

绿野仙鬃

设计主要以祖母绿为主，体现北国的冬天并不单调，结构拼接，层次感强。

毛皮时装设计效果图

毛皮时装设计效果图

主题：Rebirth

第十六届"真皮标志杯"中国国际皮革、裘皮服装设计大赛

毛皮系列时装设计效果图

创意时装设计效果图

创意时装设计效果图

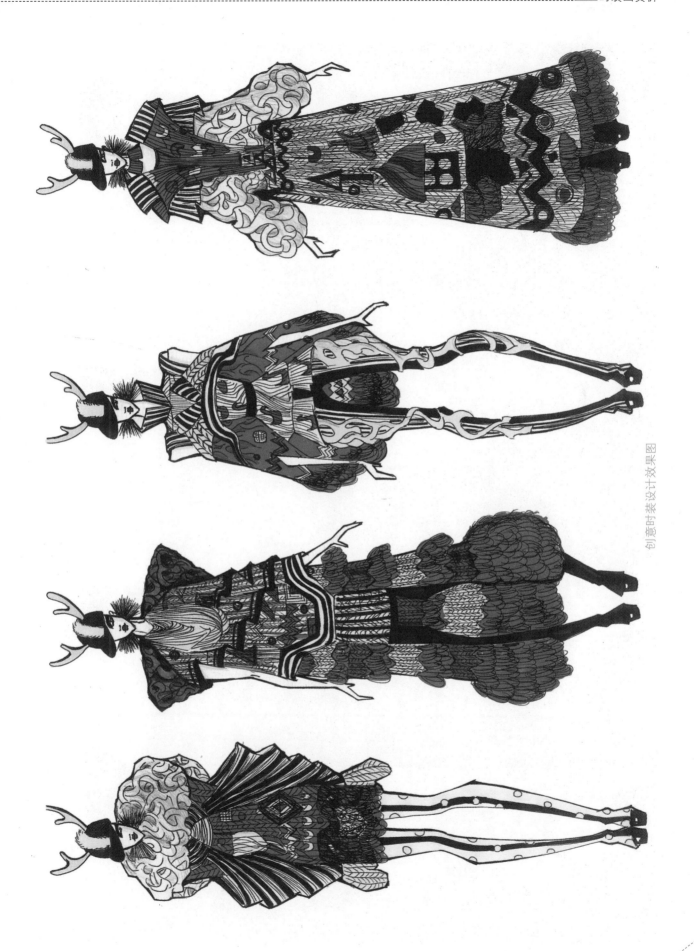

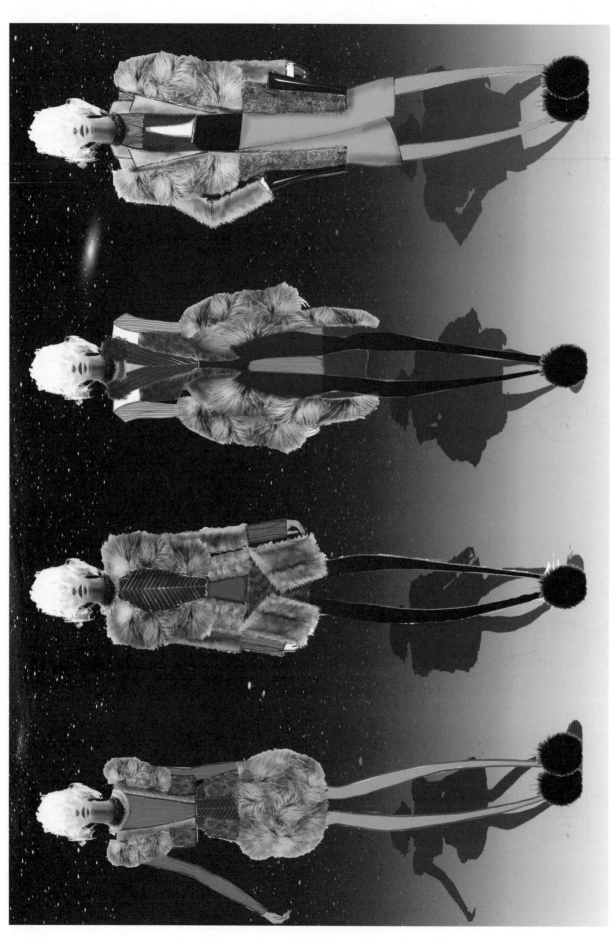

毛皮时装表现效果图

毛皮时装设计效果图

创意时装设计效果图

毛皮时装设计效果图

设计构思：爱因斯坦说：神秘，是世间最美丽的字眼儿。裘皮与针织这
两种拥有不同感染力的面料，一刚一柔，如同方圆。在冬日降临时，它
们之间的相遇将擦出怎样动人的温暖火花呢。

毛皮时装设计效果图

度····

设计构思:
老话说得好,
无规矩不成方圆。
方圆的主题在我看来是分寸,
更是一种度。

毛皮时装设计效果图

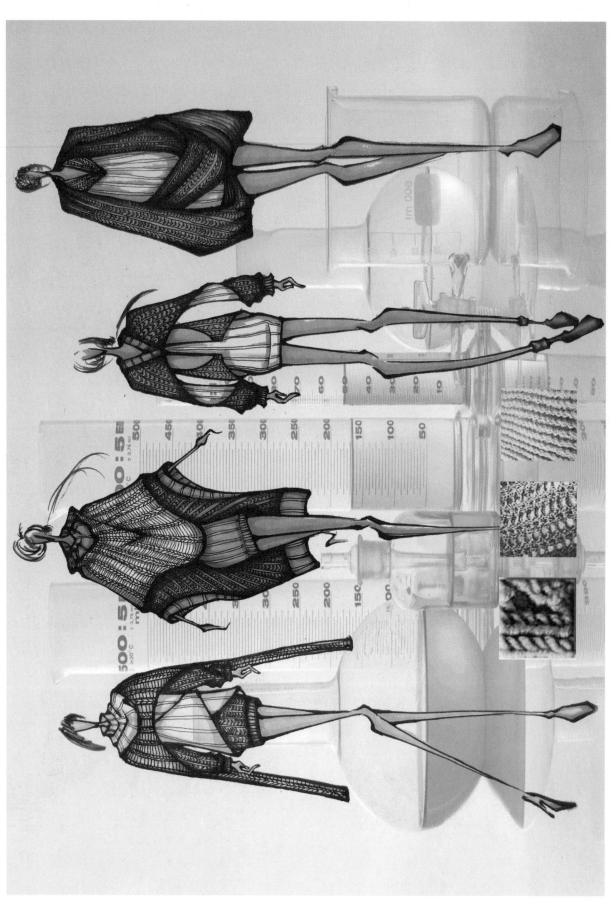

针织时装设计效果图

毛皮时装设计效果图

针织时装设计效果图

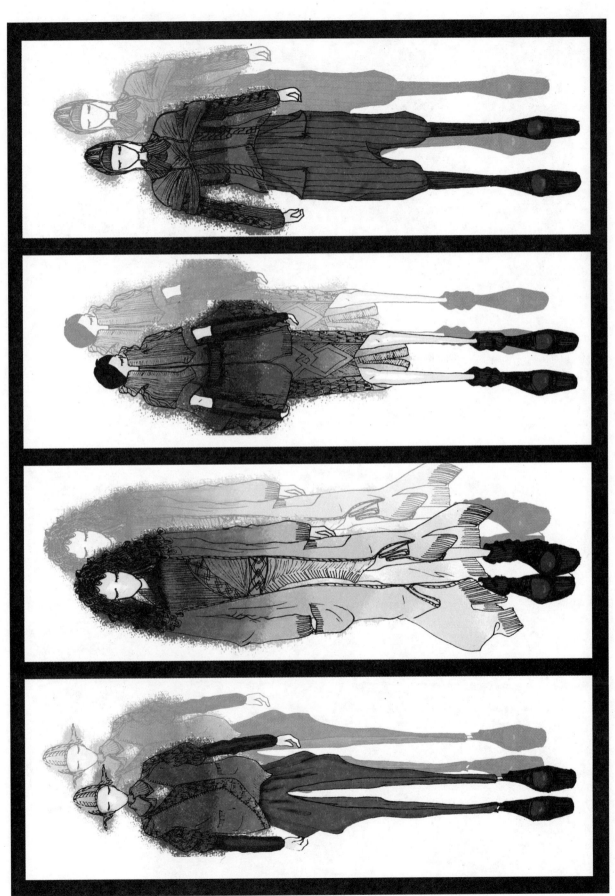

毛皮时装设计效果图

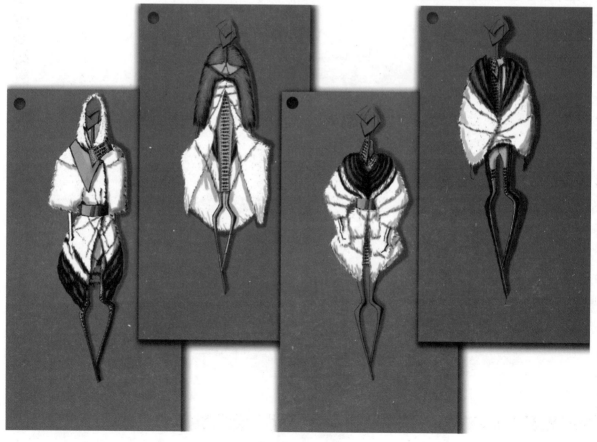

毛皮时装设计效果图

IN THE MOOD FOR LOVE···

IN THE MOOD FOR LOVE

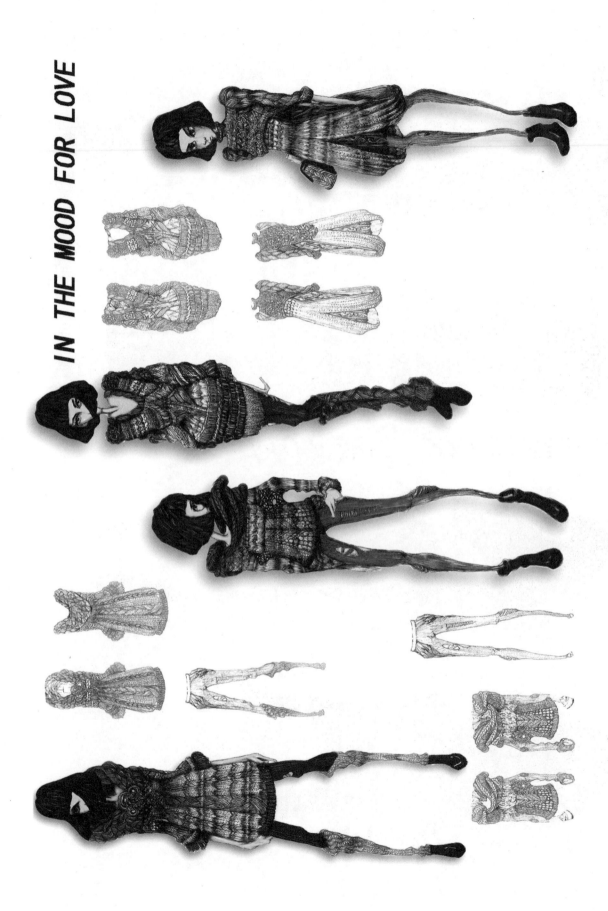

针织时装设计效果图

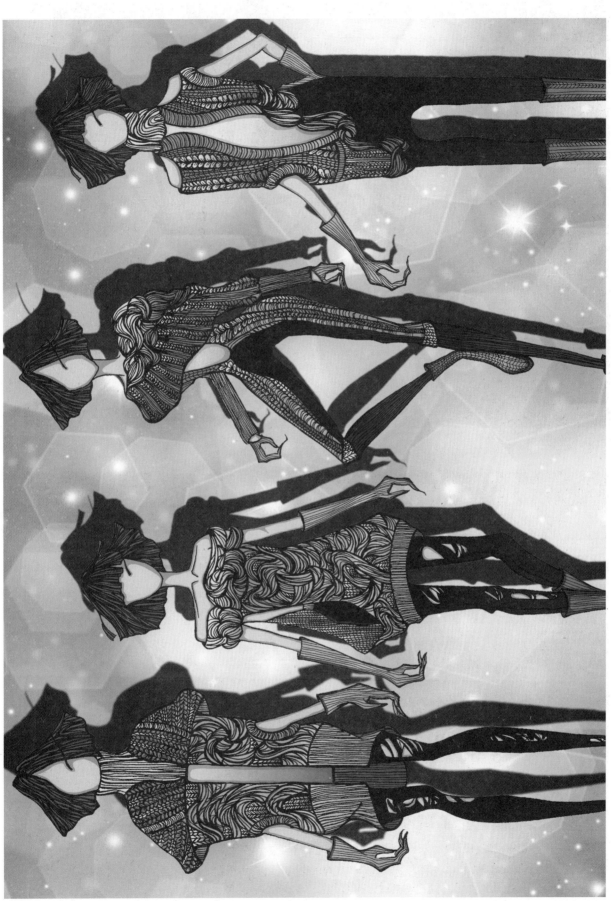

针织时装设计效果图

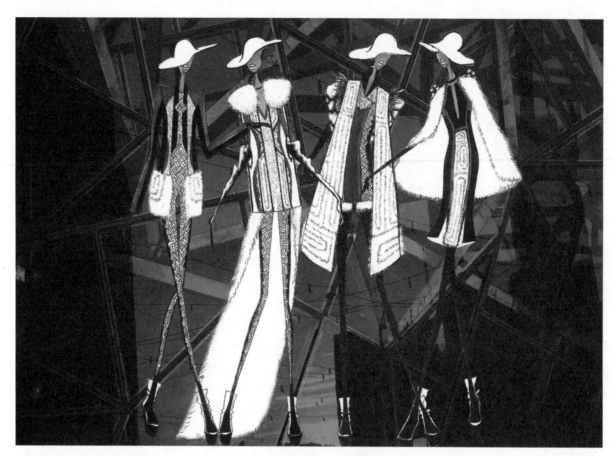

毛皮时装画设计效果图

灵感来源

　　方圆，我认为是一种规矩、一种束缚、一种做人的准则。那我们自己呢？我们的自由呢？迦楼罗是印度神话中的一只神鸟，在中文翻译中叫"金翅大鸟"或"大鹏金翅鸟"，无比华美，同时是力量的象征，是自由的象征。我觉得要像迦楼罗一样做一只骄傲而美丽的大鸟，自由又充满勇气与力量的生活。

毛皮时装画设计效果图

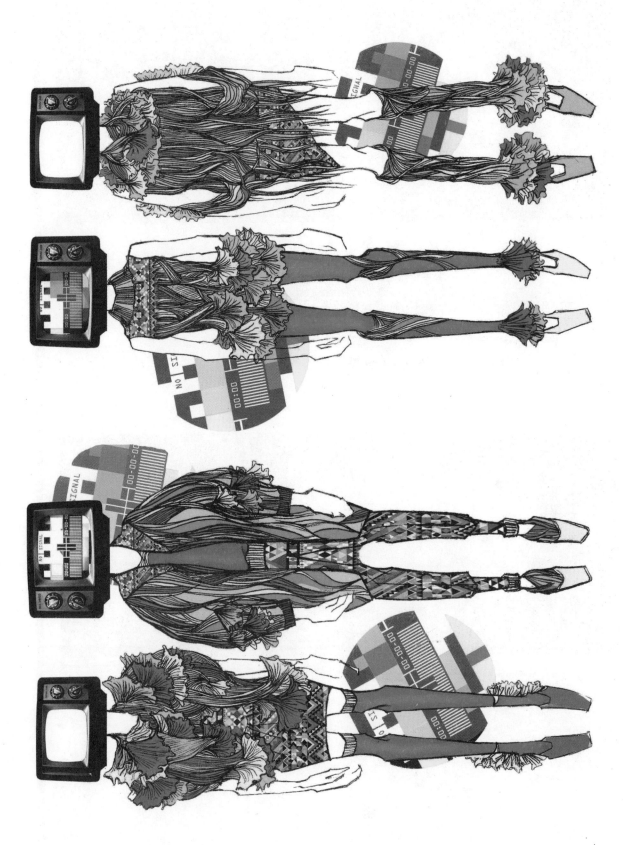

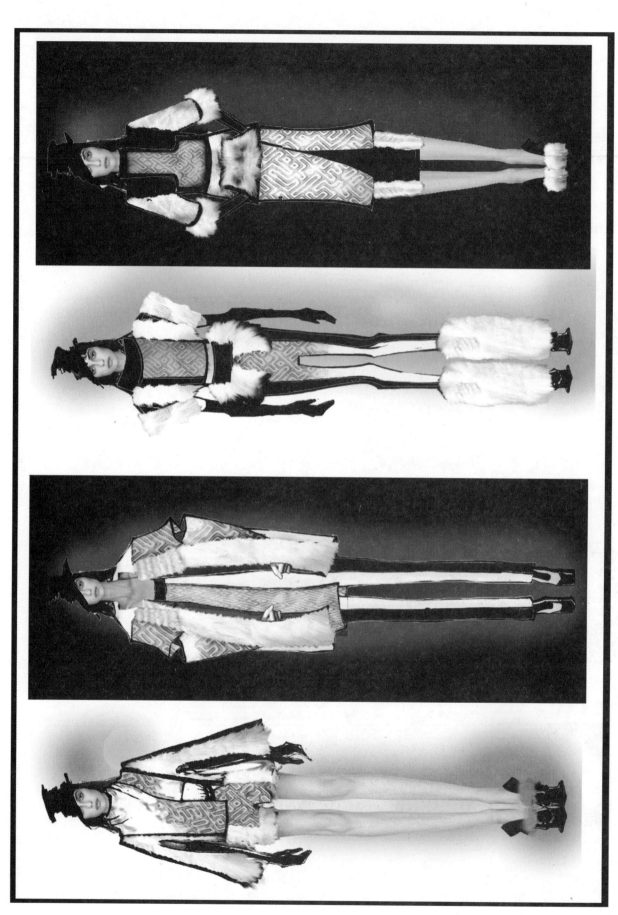

拼接时装画效果图

淡彩时装画效果图

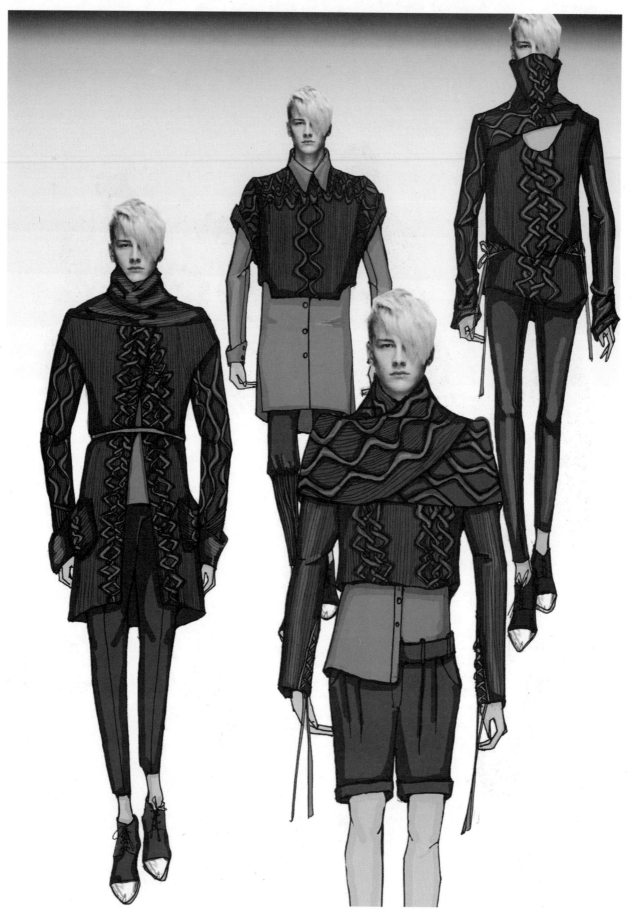

电脑合成时装画

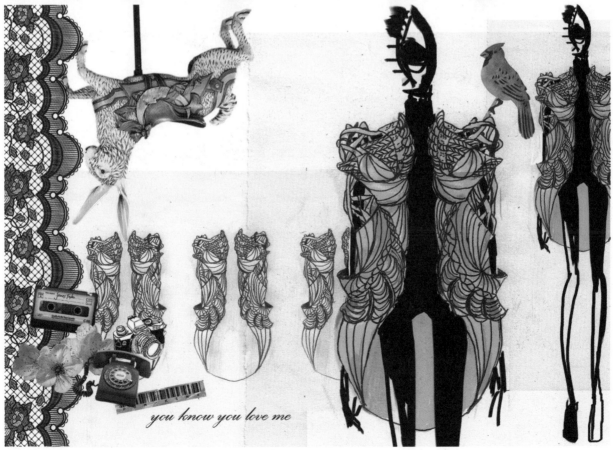

电脑时装画效果图

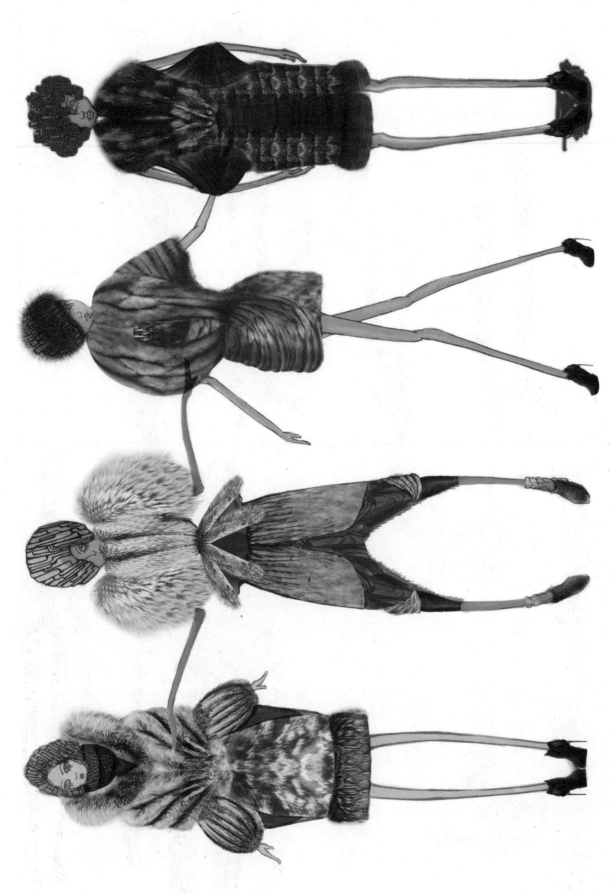

毛皮服装设计效果图

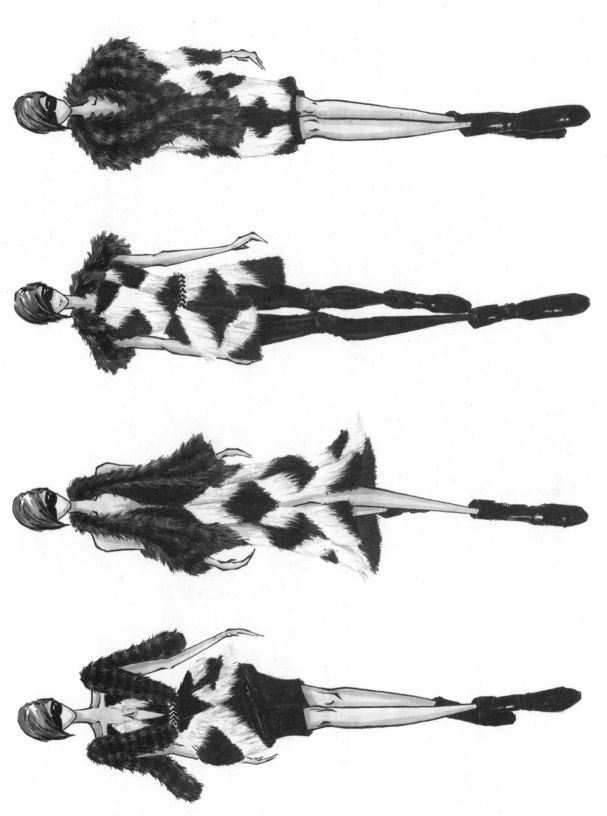

毛皮服装设计效果图

针织时装画的表现

针织材质的效果图

毛皮时装画的表现

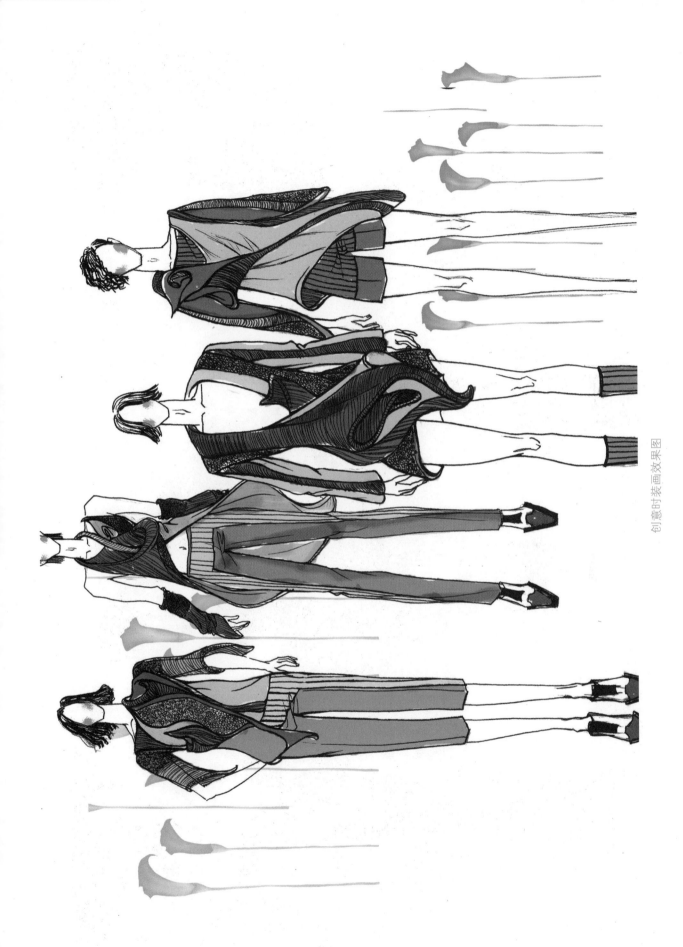

针织时装画效果图

电脑合成设计时装效果图

主题：方程式

钢笔与淡彩时装画

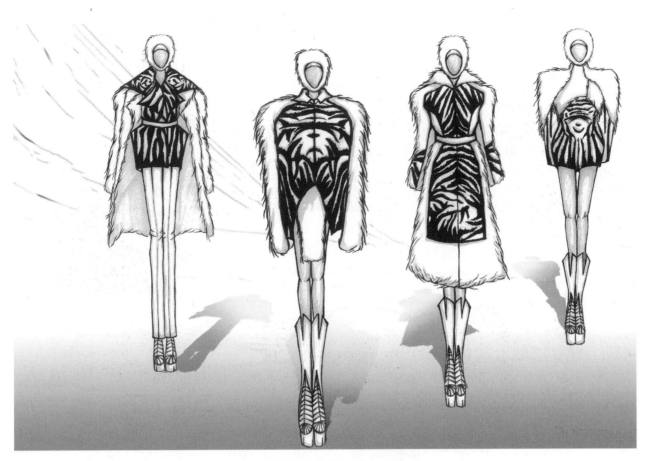

线描时装画效果图

水粉时装画效果图

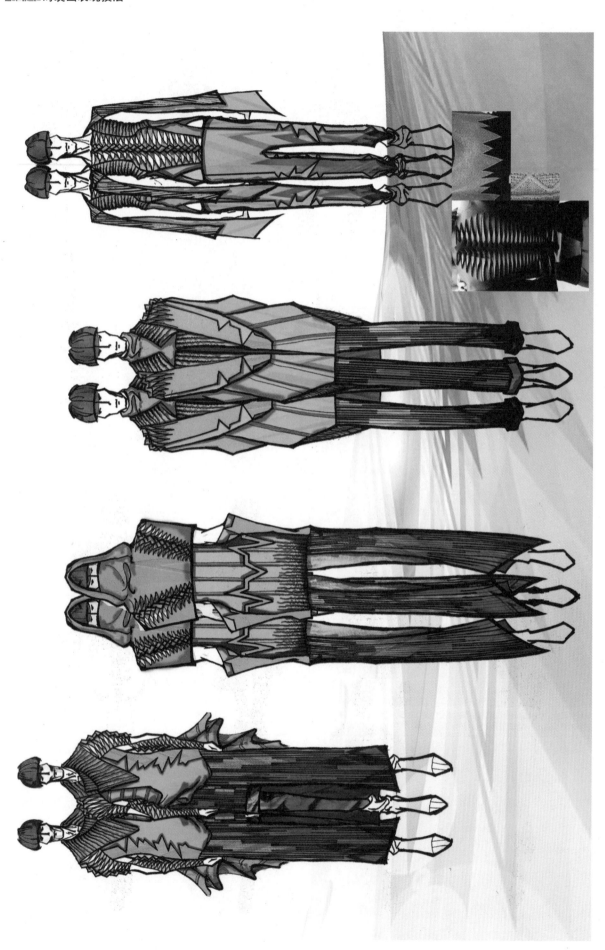

男装效果图

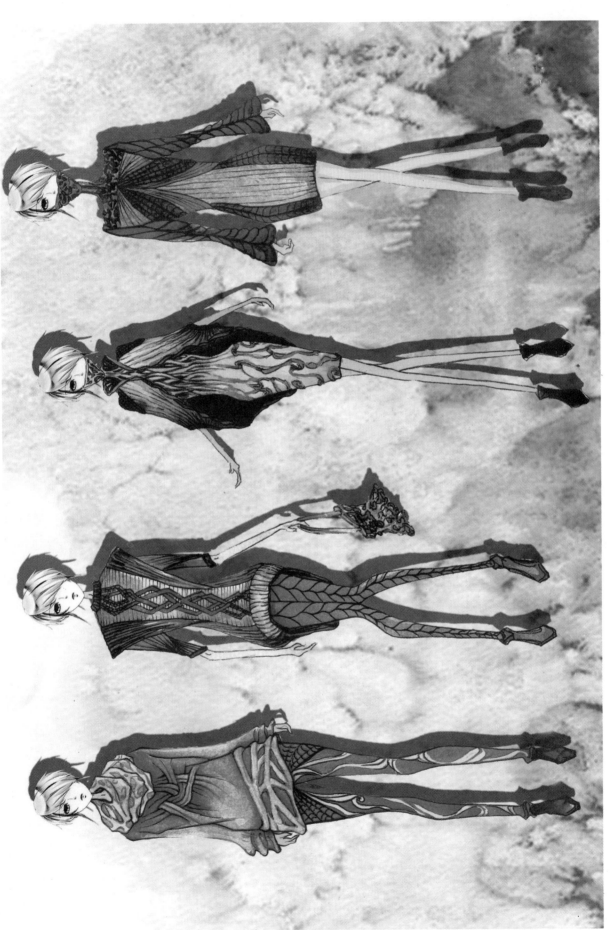

卡通形象时装效果图

时装画

线描与淡彩时装画效果图